中学入試

理 科

授業の実況中継

若原 周平

GOGAKU SHUNJUSHA

はじめに

　こんにちは！ 若原と申します。本書は，中学入試の中・上位校を目指すみなさんが，**中学入試「理科」を突破（とっぱ）するための力を身につけること**を目的としてつくられています。そのために必要な知識，解法をぎっしりつめこみました。

　こう書くと，とても難しい本なんじゃないかな……と思うみなさんや保護者の方もいらっしゃるかもしれません。しかし，ご安心ください。本書の授業内容は，**基本的なところからていねいに説明し，それを受験に必要なレベルまで引き上げていく構成**となっています。ですので，はじめて理科を学ぶみなさんでもだいじょうぶ。無理なく読み進めることができますよ。

　本書は，**生物**（生物分野），**地球と宇宙**（地学分野），**エネルギー**（物理分野），**物質**（化学分野）の４つの章からなります。どの章からはじめてもらってもかまいません。

　各回の授業の流れは，次の〈パターン１〉，〈パターン２〉のように大きく２つに分かれます。

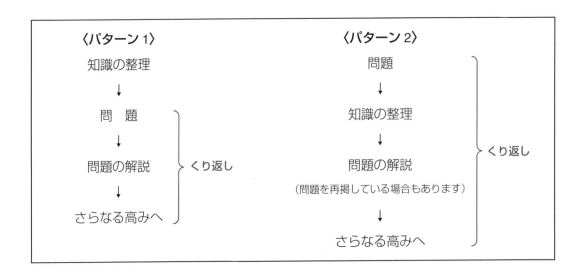

【問題と解説】

　本書で採用した問題は，すべて実際の中学入試で出題されたものばかりです。どれも頻出（ひん・しゅつ）問題ではありますが，一筋縄（ひとすじなわ）ではいかない，しっかりした基礎知識（き・そ）が必要な問題をピックアップしています。はじめて解いたときの出来，不出来は，気にかける必要はありません。中学入試ではこのくらいの問題が出るんだ，という認識をもっていただければ結構です。

【知識の整理】

　ここで，**問題を解くために必要な知識や正しい解法**を習得しましょう。ていねいに読みこんでください。

【さらなる高みへ】

　中学校・高校の理科へどう接続するのかについてのお話や，中学入試「理科」に出題されそうな新しいトピックなどをまとめています。

　理科が得意なみなさんは，まず何も見ずに問題を解き，そのあと**「知識の整理」**や**問題の解説**で不安な点をチェックしてください。

　理科にはあまり自信がないな…というみなさんは，まずは**「知識の整理」**をじっくり読みこみ，十分理解してから問題を解きすすめてください。

　みなさんは，中学入試の「理科」という科目にどのようなイメージがありますか？ 難しい，量が多い，計算がたいへん……などが一般的に言われているところですが，私はそのどれもが**中学入試「理科」の特徴（とくちょう）として当たっている**と思っています。

　実際に，範囲（はんい）が広くて難しく，制限時間に対して量が多く，計算も複雑です。中学入試「理科」では，そのまま大学入試で出てくるような内容が問われることもめずらしくありません。

　その対策として，**基礎知識をあいまいなままにせず，きちんと理解すること！** あやふやな，感覚的な解法に頼（たよ）らず，**正しく現象を理解し，説明できるようにすること！** この二点がとても大切です。

　本書で得た知識は，中学入試を超（こ）えて，みなさんの一生ものの宝となるはずです。たくさんのすてきな学びが散りばめられている中学入試「理科」，その学びの価値を感じていただければ幸いです。

　それでは，志望校合格を目指して，いっしょに授業をはじめていきましょう！

若原　周平

◆ 授業の内容 ◆

はじめに ……………………………………………………………………………… ii

第1章	生 物（生物分野）
第1講	植 物 ……………………………………………………… 2
第2講	動 物 ……………………………………………………… 22
第3講	動物やヒトのからだ …………………………………… 38

第2章	地球と宇宙（地学分野）
第4講	太陽，月，地球 ………………………………………… 56
第5講	星 座 ……………………………………………………… 77
第6講	流水と地層 ……………………………………………… 90
第7講	生物と環境 ……………………………………………… 118
第8講	天気の変化 ……………………………………………… 125

第3章	エネルギー（物理分野）
第9講	力のつり合い …………………………………………… 150
第10講	電流とそのはたらき …………………………………… 172
第11講	ものの運動 ……………………………………………… 201
第12講	光と音 …………………………………………………… 215

第4章	物 質（化学分野）
第13講	水溶液の反応 …………………………………………… 234
第14講	気体の性質 ……………………………………………… 252
第15講	ものの溶け方 …………………………………………… 266
第16講	ものの燃え方 …………………………………………… 276

第1章

生　物

第１講　植　物

第２講　動　物

第３講　動物やヒトのからだ

植 物

メンデルくん

　はーい，どうもこんにち若原です。本講では，**植物**について学びましょう。まずは，**問題1～問題4の共通の知識**をまとめておくね。

知識の整理

🪨 植物の分類

　まずはみんなに，**植物の分類**を知ってもらいたい。次の〈図1〉を参考に，植物をなかま分けしながら，問題を解き進めていこう！ 植物への理解がまちがいなく深まるはずだ。

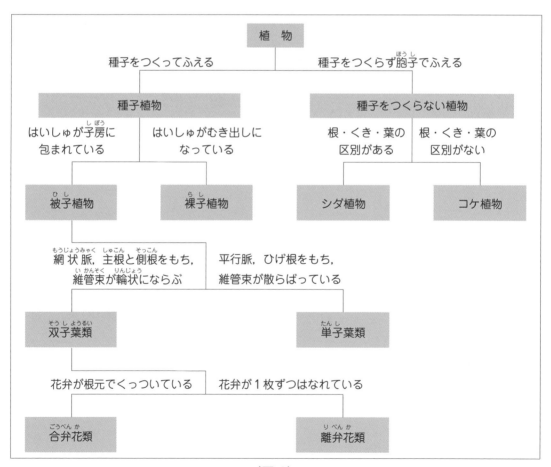

〈図1〉

それでは，さっそく**問題１**にチャレンジだ！

問題１	植物のつくりとはたらきⅠ

　ある日の理科の授業で先生が，おしべにある花粉がめしべにつくことで種子ができることを，**図１**のように黒板に描いた花のつくりを使って説明しました。その後，**図２**のように４つの植物を黒板に書き，それぞれどのようなちがいがあるかを考えるようにいいました。以下の**問１**〜**問６**に答えなさい。

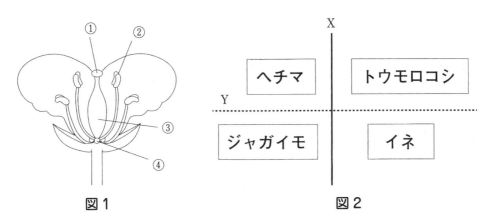

図１　　　　　　　　　　　図２

問１　花粉と種子がつくられる場所を**図１**の①〜④からそれぞれ選び，記号で答えなさい。

問２　おしべの花粉がめしべにつくことを何といいますか。漢字２字で答えなさい。

問３　花粉の運ばれかたのちがいから，４つの植物を実線Ｘで２つずつに分けました。このちがいを説明しなさい。

問４　ヘチマやジャガイモの花粉と比べたとき，トウモロコシやイネの花粉の特徴としてあてはまるものを次の**ア**〜**エ**からすべて選び，記号で答えなさい。

　ア　べたべたしている　　**イ**　トゲがついている
　ウ　小さい　　　　　　　**エ**　大量につくられる

問5 花のつくりのちがいから，4つの植物を点線Yで2つずつに分けました。このちがいとしてあてはまるものを，次の**ア～エ**から1つ選び，記号で答えなさい。

ア ヘチマとトウモロコシの花には花びらがあるが，ジャガイモとイネの花には花びらがない。

イ ヘチマとトウモロコシの花には花びらがないが，ジャガイモとイネの花には花びらがある。

ウ ヘチマとトウモロコシはおしべとめしべが別々の花についているが，ジャガイモとイネはおしべとめしべが同じ花についている。

エ ヘチマとトウモロコシはおしべとめしべが同じ花についているが，ジャガイモとイネはおしべとめしべが別々の花についている。

問6 食用のジャガイモの増やし方について，正しいものを次の**ア～エ**から1つ選び，記号で答えなさい。

ア 種子ができるので，それをまくことで増やしていく。

イ 種子ができないので，種イモを地中にうめて増やしていく。

ウ 種子もできるが，種イモを地中にうめて増やしていく。

エ 種子ができないので，くきの一部を地面にさすことで増やしていく。

〈2021年　跡見学園中学校（改題）〉

問題 1 の解説

　さて，まずは**花の基本的なつくり**はどんなふうになっているか，知っているかな？
……そうだ！ 外側から，**がく，花弁（花びら），おしべ，めしべ**の順に並んでいて，こ
の 4 つを合わせて**花の四要素**というよ。

　花の四要素がそろっている花を**完全花**，1 つでも欠けていれば**不完全花**とよぶんだね。
ちなみに，1 つの花に**おしべ，めしべ**がそろっていれば**両性花**，1 つの花におしべかめ
しべかどちらか一方しかないと**単性花**とよばれるよ。つまり，単性花は必ず不完全花と
なるね！

　よし，花の四要素の一つひとつのはたらきをチェックしよう！

▶**めしべ**

　めしべの先を**柱頭**とよび，花粉がつきやすくなっている。柱頭に花粉がつくことを**受
粉**というね。受粉すると，子房（しぼう）は実となり，中のはいしゅは種子になるんだ。次の〈**図 2**〉
で確認してみてね。

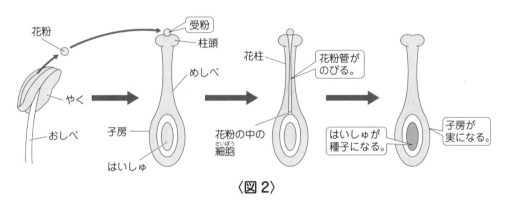

〈図 2〉

▶**おしべ**

　おしべの先には**やく**があり，中にはたくさんの**花粉がつまっている**よ。おしべの数は
花弁の数の何倍かになっている。やくを支えている部分は花糸（かし）というよ。

▶**花弁（花びら）**

　おしべとめしべを守ったり，虫をひきつけたりする役割がある。植物の種類によって，
花弁の枚数は変わるよ。花弁が根元でくっついているものを**合弁花**（ごうべん），一枚ずつはなれて
いるものを**離弁花**（りべん）というんだ。

▶ **がく**

つぼみのときめしべやおしべを守ったり，花弁を支えたりする役割があるよ。

さて，**問1 ～ 問6** を考えていこう。

問1

花粉がつくられる場所は**やく**だから，②が答えだ。

種子がつくられる場所は，**はいしゅが種子になる**ことから，③が答えだ。

問2

おしべの花粉がめしべにつくことは受粉とよぶんだったね。これが答えだ。

問3

受粉のしかたには，さまざまな種類があるよ。その中でも次の2つをしっかりおさえよう！

まずは**自家受粉**。同じ花のおしべとめしべの間や，同じ株のお花とめ花の間で行われる受粉だ。

もう1つは**他家受粉**。同じ種類の，他の株の花との間で行われる受粉だ。そして，他家受粉は，花粉を運ぶ役割をするものにより，さらに分けることができるんだ。

今回の問3では，**虫による受粉（虫ばい花）**と，**風による受粉（風ばい花）**を区別しようということ！

ふつう虫ばい花は，花弁が派手な見た目をしていることが多い。虫にアピールしなければいけないからね！ ちなみに，ユリやチューリップのような単子葉類では，がくも花弁と同じような派手な色合いのものも多いよ。

それに対して風ばい花は，運び役にアピールする必要がないので，地味な見た目をしていることが多いよ。今回，**ヘチマとジャガイモは虫ばい花，トウモロコシとイネは風ばい花である**ことを記述すればOKだね！

問4

風ばい花では，花がたくさん集まってさいていることが多く，軽く小さい花粉を一度に多く出している。風で飛ばされて受粉するわけだから，**飛ばされやすい構造で，なるべく数を多くして，受粉の確率を上げている**と考えればいいよ。**ウ，エ**が答えだ。

問5

　ウリ科植物では，お花・め花に分かれ ているのが大きな特徴だ！ カボチャ，ヘ チマ，キュウリ，ヒョウタン，スイカ， ウリなどをおさえておこう。

　右の〈図3〉で，ヘチマのお花・め花 を確認してみてね。

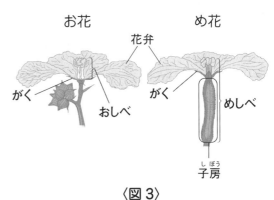

〈図3〉

　トウモロコシやイネはイネ科植物だけ れど，トウモロコシはお花・め花に分かれているが，**イネは分かれていない。**
　次の〈図4〉で，トウモロコシのお花・め花，イネの花を確認してみてね。

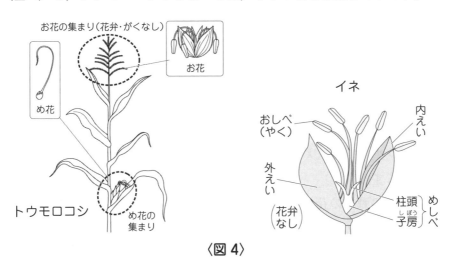

〈図4〉

　ちなみに，ジャガイモはナス科植物だよ。よって**ウ**が答えだ。

問6

　ジャガイモにも種子はできるけれど，ふつう種イモを地中にうめて増やしていく。な ぜって？ だって，有性生殖して増やすと，生物的多様性が生まれてしまうよね。
　つまり，おいしいジャガイモもあれば，おいしくないジャガイモも出てくる可能性が ある。これは，ジャガイモのような食用で用いるイモには大きなデメリットとなるよね。
　種イモを地中にうめて増やすような無性生殖では，**同じものを増やすことができる**と いうメリットがあるわけだね。よって，**ウ**が答えだ。

今回のジャガイモのような無性生殖を，特に栄養生殖（栄養繁殖）というよ。

問題1の答え

問1 花粉　②　種子　③　　**問2**　受粉

問3〔解答例〕ヘチマとジャガイモは花粉が虫により運ばれるが，トウモロコシとイネ
　　　　　　　は花粉が風により運ばれる。

問4 ウ，エ　　**問5** ウ　　**問6** ウ

さて，次も**植物のつくり**に関する問題だ。**問題2**を見てみよう。

問題2　植物のつくりとはたらきⅡ

植物について，次の**問1**〜**問4**に答えなさい。

問1　アブラナの仲間（アブラナ科）には，ヒトが食べる野菜となるものが多
　くあります。
　　それらの野菜の花はアブラナの花に似ています。次の**ア〜カ**よりアブラ
　ナの仲間（アブラナ科）を2つ選び，記号で答えなさい。

　　ア キャベツ　　**イ** ナス　　　**ウ** トマト
　　エ ジャガイモ　**オ** ハクサイ　**カ** キュウリ

問2　最近はツルレイシ（ゴーヤ）をグリーンカーテンとして，日よけに利用
　します。
　　ツルレイシは実がなると食べられます。ツルレイシの花はお花とめ花が
　別々にさきます。このような花のさき方をする植物を次の**ア〜ケ**より3つ
　選び，記号で答えなさい。

　　ア タンポポ　　　**イ** トマト　　**ウ** マツ
　　エ ヘチマ　　　　**オ** ユリ　　　**カ** ホウセンカ
　　キ チューリップ　**ク** トウモロコシ　**ケ** アサガオ

問3 ツルレイシのめ花を次の**ア〜オ**より１つ選び，記号で答えなさい。

ア   イ   ウ   エ   オ

問4 ツルレイシのめ花がつぼみのときに，次の**実験**をしました。

実験

　A，B，Cの３つのツルレイシのめ花のつぼみにビニールのふくろをかぶせる。

　　Aのツルレイシ：め花をビニールのふくろをかぶせたまま育てる。

　　Bのツルレイシ：め花がさいたらビニールのふくろをとり，キュウリのお花の花粉をつけ，再びビニールのふくろをかぶせて育てる。

　　Cのツルレイシ：め花がさいたらビニールのふくろをとり，ツルレイシのお花の花粉をつけ，再びビニールのふくろをかぶせて育てる。

(1)　下線部の操作を行う目的は何ですか。簡単に説明しなさい。

(2)　この実験で実がなったのはCのツルレイシだけでした。このことからどんなことがいえますか。簡単に説明しなさい。

〈2021年　芝中学校（改題）〉

問1

　いきなり答えになってしまうけれど，アブラナ科植物に属するのは，**ア「キャベツ」**，**オ「ハクサイ」**だ。アブラナ，キャベツ，ハクサイは花の形がそっくりだよ。

　次の〈図5〉で，**アブラナの花**を確認しておこう。

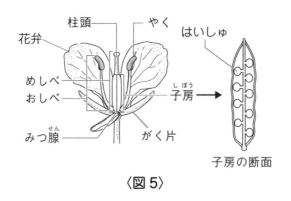

〈図5〉

　イ「ナス」と**ウ「トマト」**はナス科植物で，やはり花の形がそっくりだ。

　次の〈図6〉で，**ナスの花**を確認しておこう。

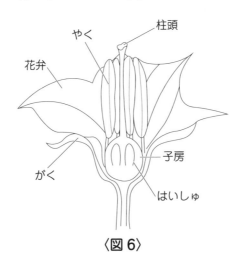

〈図6〉

　ちなみに，**カ「キュウリ」**は名前のとおりウリ科植物だよ。**問題1**の**問5**の解説に出てきたね！ まとめてチェックだ。

問2

ツルレイシはウリ科植物であり，**ウリ科植物はお花・め花が別々にさくこと**，問題1の問5の解説でチェック済みだね。

なので，まずは同じウリ科植物である**エ「ヘチマ」**が選べるね。次に，イネ科植物の**ク「トウモロコシ」**！ こちらを忘れてはいけなかったこと，これも問題1の問5の解説でお話ししたところだった。あとは，裸子植物である，**ウ**の「マツ」（マツ科）だね！

マツのお花・め花は次の〈図7〉で確認しよう。

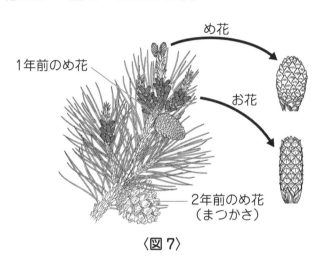

〈図7〉

うまく答えを選べたかな？ OK！

問3

注目すべきは，花の根元のところ。**ウ**の花の根元をよく見てみよう……ほら！ まさにあのゴーヤのごつごつした雰囲気（ふんいき）が感じられるだろう！

スイカなんかも，花の根元を見ると，あのしま模様の雰囲気が感じられたりするよ。おもしろいね！ **ウ**が答えだ。

問4

Aが，**B**や**C**の**対照実験**となっているね。対照実験とは，ある条件の効果を調べるため，他の条件をまったく同じにして，その条件のみ変えて行う実験のこと。下線部では，ビニールのふくろをかぶせることで，**こん虫により受粉する可能性をなくしている**んだね。

さて，**A**と**C**を比較（ひかく）すると，ツルレイシの受粉には，花粉が必要なことがわかる。また，**B**と**C**を比較すると，ツルレイシの受粉に必要な花粉は，他の植物のお花のものではなく，同じツルレイシのお花のものであることがわかる。よって，A，B，Cより，**ツルレイシのめ花は，ツルレイシのお花の花粉がつくことで受粉し，実ができる**ことがわかる。

問1 ア, オ 　問2 ウ, エ, ク 　問3 ウ

問4 (1) 〔解答例〕こん虫により受粉する可能性をなくすため。

　　(2) 〔解答例〕ツルレイシのめ花は, ツルレイシのお花の花粉がつくことで受粉し, 実ができる。

さて, 次は種子に関する問題だ。問題3を見てみよう。

問題3 種子のつくりと発芽

次の文章を読み, 以下の問1～問3に答えなさい。

「米」は弥生時代に日本に伝わって以来, 長い歴史のなかで日本人の主食として定着しています。「米」は「イネ（稲）」の種子を加工したもので, その「米」を炊いたものが「ごはん」です。英語ではいずれも rice（ライス）とよびますが, 日本語では「イネ」「米」「ごはん」と使い分けているのもおもしろいですね。コウセイ君はこのことに興味をもち, 自由研究で「米」について調べました。

Ⅰ　コウセイ君は, イネの種もみ（種子）を手に入れてプランターにまき, 発芽の様子を観察し, スケッチをしました。図1はそのスケッチです。

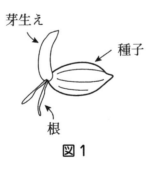

芽生え

種子

根

図1

問1 イネの発芽について，次の (1)，(2) に答えなさい。

(1) イネの発芽に必要でない条件を次の**ア**～**エ**から 1 つ選び，記号で答え
なさい。

　ア 水分　　**イ** 適当な温度　　**ウ** 空気　　**エ** 光

(2) この芽生えがさらに成長したときのようすを表したものとして正しい
ものを次の**ア**～**エ**から選び，記号で答えなさい。

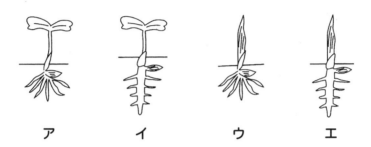

　　ア　　　　　**イ**　　　　　**ウ**　　　　　**エ**

Ⅱ　コウセイ君は，イネの種もみを**図2**のように半
分に切って発芽するかどうかを調べました。する
と，Aの断片は発芽して芽や根が成長したのに対し，
Bの断片は発芽しないままでした。

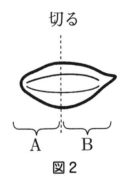

切る

A　　B
図2

Ⅲ　コウセイ君は家にある白米をプランターに
まいてみたところ，発芽しませんでした。そ
こで，米について調べたところ，次のことが
わかりました。

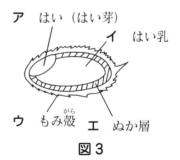

ア はい（はい芽）
イ はい乳
ウ もみ殻
エ ぬか層
図3

わかったこと
・イネの種子の断面は**図3**のようになっている。（左右の向きは，**図2**のもの
に合わせている）

・次の手順でイネの種子を加工したものが「白米」である。

① 稲穂から種子を取りはずす（脱穀）

② 種子からもみ殻を取り除く（もみすり）

③ ぬか層とはい（はい芽）を取り除く（精米）

・米には，「白米」だけでなく，もみ殻だけを取り除いた「玄米」，もみ殻とぬか層を取り除いた「はい芽米」がある。このうち，玄米を発芽させた「発芽玄米」は存在するが，はい芽米を発芽させることはできないようである。

問2　コウセイ君が自由研究で行ったⅡ，Ⅲをふまえて，次の (1) ～ (3) に答えなさい。

(1)　発芽して芽や根になる部分は図3のどの部分ですか。ア～エから1つ選び，記号で答えなさい。

(2)　私たちが普段食べている白米は，図3のどの部分ですか。ア～エからすべて選び，記号で答えなさい。

(3)　イネの種子の発芽に必要でないと考えられる部分を図3のア～エからすべて選び，記号で答えなさい。

Ⅳ　コウセイ君は，ごはんにふくまれる主な栄養がデンプンであることを知りました。そこで，白米を炊き，そのごはん粒にヨウ素液をかけて確かめたところ，確かにデンプンがふくまれていることがわかりました。

問3　コウセイ君はここまで調べたことから，白米のごはん粒として食べている部分は，発芽・成長するために必要な養分（デンプン）を種子のなかで蓄えている部分だと考えました。

　　しかし，植物の種子のなかには，イネとは異なる部分に養分（デンプン）を蓄えているものがあります。

(1)　その例にあてはまるものを次のア～エから選び，記号で答えなさい。

ア　インゲンマメ　　イ　カキ　　ウ　ムギ　　エ　トウモロコシ

(2)　(1)の植物は，発芽・成長に必要な養分を，種子のなかのどの部分に蓄えていますか。漢字2字で答えなさい。

〈2021年　佼成学園中学校（改題）〉

問題 3 の解説

問1

(1) 種子の発芽の三条件に関する問題だ。**水分，空気（酸素），適当な温度**が，ふつう種子の発芽には必要だね。ここにあてはまらない選択肢は**エ「光」**，これが答えだ。

さらなる高みへ

レタスなどのように，発芽に光を必要とする光発芽種子や，カボチャのように，発芽の三条件がそろっていても，光が当たると発芽がおさえられる暗発芽種子などもあるよ。

(2) 芽生えが成長したときのお話が出てきたね。**双子葉類か単子葉類で，子葉や根のようすが異なる**ことに注意！ 次の〈表1〉で区別しておさえよう。せっかくなので，葉脈やくきの維管束のようすもまとめてチェックしてね。

〈表1〉

	子葉	根	葉脈	くきの維管束
双子葉類	2枚	主根と側根	網状脈	輪のように並ぶ。
単子葉類	1枚	ひげ根	平行脈	散らばっている。

イネは単子葉類だから，子葉は1枚，根はひげ根となるね。よって，**ウ**が答えだ。

問2

　まずはⅡについて。**図1**と比較（ひかく）して考えるとよいね。Aの断片は発芽して芽や根が成長したので，はい（はい芽（が））もはい乳もあることがわかる。それに対し，Bの断片は発芽しないまま…そうだ！　**はい（はい芽）はなく，はい乳のみしかないことが推測できるね！**

　次に，Ⅲについて。**図3**を見ながら考えよう。

　白米では，種子から**ウ**「もみ殻（がら）」，**エ**「ぬか層」，**ア**「はい芽（はい）」を取り除くわけだから，**イ**「はい乳」のみであることがわかる。

　同じように考えると，玄米（げんまい）は種子から**ウ**「もみ殻」を取り除くわけだから，**ア**「はい（はい芽）」，**イ**「はい乳」，**エ**「ぬか層」のみ，はい芽米は種子から**ウ**「もみ殻」，**エ**「ぬか層」を取り除くわけだから，**ア**「はい（はい芽）」と**イ**「はい乳」のみであることがわかる。

　発芽玄米があることから，**玄米は発芽できるわけだけど，はい芽米は発芽できない，**ということは……

> **ア**「はい（はい芽）」，**イ**「はい乳」に加え，**エ**「ぬか層」がイネの発芽に必要なことがわかります。

　ばっちりだね！

　さて，**問2**の問題について。

　(1)はまさにはい（はい芽）を選べばよいから，**ア**，これが答えだ。

　(2)は，先ほど説明したとおり。白米は**イ**のみだ。

　(3)も，先ほど説明したとおり。**ア**，**イ**，**エ**がイネの発芽に必要だ。必要でないと考えられるのは，**ウ**，これが答えだ。

問3

　最後に，**有はい乳種子**と，**無はい乳種子**を区別する問題だ。

　はい乳をもつ種子を有はい乳種子といい，発芽に必要な養分ははい乳にたくわえられ，種子の大部分をはい乳がしめている。

　それに対して，はい乳をもたない種子を無はい乳種子といい，発芽に必要な養分は子葉にたくわえられ，種子の大部分を子葉がしめている。

　双子葉類（そうしようるい）はふつう無はい乳種子に，単子葉類はふつう有はい乳種子と覚えてもよいけ

れど，**双子葉類だけれど有はい乳種子となる**，カキ，ホウレンソウ，オシロイバナ，ゴマには注意してね！

さて，**問3**の問題。

(1) 双子葉類で，カキ，ホウレンソウ，オシロイバナ，ゴマ以外を選べばよいから，ア「**インゲンマメ**」が答えだ。

(2) は，先ほど説明したとおり，**子葉**，これが答えだ。

問題3の答え

問1 (1) エ (2) ウ   **問2** (1) ア (2) イ (3) ウ
問3 (1) ア (2) 子葉

インゲンマメの種子は，子葉に養分がたくわえられているよ

さて，最後に計算問題だ。**問題4**を見てみよう。

植物の蒸散についての次の**実験**と**結果**を読み，以下の**問1**〜**問4**に答えなさい。

実験

　ある植物の新しい小枝，試験管，ワセリン，油を用いて，すべての試験管に45 cm³の水を入れて以下のA〜Eの装置をつくり，日光の当たる量や温度は同じ条件のところに置きました。それぞれの小枝についている葉の面積はすべて等しく，くきの表面積もすべて等しいものとします。また，ワセリンと油は水および空気を通しません。

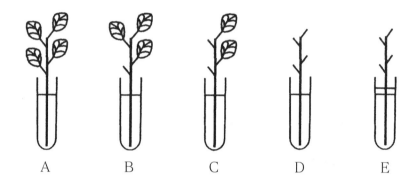

A　4枚の葉の裏にワセリンをぬって，試験管に入れた

B　葉だけを1枚取り除いて，葉を取り除いた切り口と残った3枚の葉の表にワセリンをぬって，試験管に入れた

C　葉だけを2枚取り除いて，葉を取り除いた切り口にワセリンをぬって，そのまま試験管に入れた

D　葉だけをすべて取り除いて，葉を取り除いた切り口にワセリンをぬって，そのまま試験管に入れた

E　葉だけをすべて取り除いて，葉を取り除いた切り口にワセリンをぬって，水面上に油をうかせた試験管に入れた

結果

　24時間後，それぞれの試験管に残った水の量を調べたら，次の**表1**のようになりました。

表1

試験管	A	B	C	D	E
残った水の量〔cm³〕	30	27		42	43

問1 この**実験**における水面やくきからの水の蒸発について, 正しいものを次のア～エから選び, 記号で答えなさい。

　　　ア　水の蒸発は水面からは行われるが, くきからは行われない
　　　イ　水の蒸発はくきからは行われるが, 水面からは行われない
　　　ウ　水の蒸発は水面やくきからも行われる
　　　エ　水面やくきからの水の蒸発は行われない

問2 この**実験**における1枚あたりの葉での水の蒸発について, 正しいものを次のア～エから選び, 記号で答えなさい。

　　　ア　葉の表側の方が, 葉の裏側より蒸発量が多い
　　　イ　葉の裏側の方が, 葉の表側より蒸発量が多い
　　　ウ　葉の表側と裏側では, 蒸発量はほとんど変わらない
　　　エ　この実験からは, 葉の表側と裏側の蒸発量のちがいはわからない

問3 この**実験**で1枚の葉の表側だけから蒸発した水の量は何cm³ですか。次のア～オから選び, 記号で答えなさい。

　　　ア　3 cm³　　**イ**　5 cm³　　**ウ**　8 cm³　　**エ**　11 cm³　　**オ**　12 cm³

問4 表1の試験管Cにおいて残った水の量は何cm³になると考えられますか。次のア～オから選び, 記号で答えなさい。

　　　ア　15 cm³　　**イ**　26 cm³　　**ウ**　32 cm³　　**エ**　36 cm³　　**オ**　40 cm³

〈2021年　藤嶺学園藤沢中学校（改題）〉

植物が，体内の余分な水分を水蒸気として気孔から蒸発させる現象を蒸散という。蒸散により，植物は体内の水分量を調節したり，体温を調節したり，吸水量の調節をしたりしているよ。ちなみに，気孔は植物の葉の裏に多くある。植物の葉の細胞のようすと，気孔の細胞のようすを，右の〈図8〉で確認しておこう。

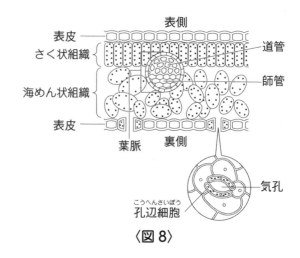

〈図8〉

問1～問4

まずは，A～Eの状況をしっかりと整理することが大切！ **どこから水が蒸発するか**を，以下のように表すと見やすいよ。

ここでは，1枚の葉の表側から蒸発する水の量を**表**，1枚の葉の裏側から蒸発する水の量を**裏**，くきから蒸発する水の量を**くき**，水面から1枚の葉の表側から蒸発する水の量を**水面**と表すことにするよ。

```
A   4表    ＋くき＋水面   …①
B       3裏＋くき＋水面   …②
C   2表＋2裏＋くき＋水面   …③
D           くき＋水面   …④
E           くき       …⑤
```

そして，**表1**に，蒸発した水の量〔cm³〕を次のように書き入れると，さらにわかりやすい！ もともと45cm³の水が入っていたわけだから……

試験管	A	B	C	D	E
残った水の量〔cm³〕	30	27		42	43
蒸発した水の量〔cm³〕	15	18		3	2

①～⑤と，表の情報をまとめて考えていく。

⑤より，**くき**＝ $\underline{2\ \text{cm}^3}$

④より，**水面**＝ $3 - 2 = \underline{1\ \text{cm}^3}$

①より，**表**＝ $(15 - 2 - 1) \div 4 = \underline{3\ \text{cm}^3}$

②より，**裏**＝ $(18 - 2 - 1) \div 3 = \underline{5\ \text{cm}^3}$

各場所から蒸発した水の量が計算できたね！

この実験において，葉の表側，裏側だけでなく，**くきや水面からも蒸発していること**がわかるね。よって**問1**は**ウ**が答えだ。

また，**表**と**裏**を比較（ひかく）すると，**裏＞表**より，**問2**は**イ**が答えだ。

問3はすでに計算済みだね。表より，**ア「3 cm^3」** が答えだ。

問4では，まず蒸発した水の量を考える。

$$2\textbf{表} + 2\textbf{裏} + \textbf{くき} + \textbf{水面}$$
$$= 2 \times 3 + 2 \times 5 + 2 + 1$$
$$= 19\ \text{cm}^3$$

よって，試験管Cに残った水の量は，

$$45 - 19 = \textbf{26 cm}^3$$

イが答えだ。

問題4の答え

問1 ウ　　問2 イ　　問3 ア　　問4 イ

はーい，植物，いかがだったでしょうか。たくさん知識が必要な分野，よく復習してくださいね。

第 **2** 講

動 物

メンデルくん

　本講では，動物について学びます。まずは，**問題1～問題3の共通の知識**をまとめておくね。

知識の整理

⬤ セキツイ動物，無セキツイ動物

　世の中には様々な動物が存在する。僕(ぼく)たちヒトも，動物のなかまだよね。動物は，背骨の有無によって，大きく二分される。魚や鳥，ヒトなどのように背骨をもつ動物を**セキツイ動物**，こん虫などのように背骨をもたない動物を**無セキツイ動物**というんだ。

⬤ セキツイ動物の分類

　セキツイ動物は，さらに**魚類，両生類，は虫類，鳥類，ほ乳類**に分類される。次の〈**表1**〉で特徴(とくちょう)をとらえよう。

〈表1〉

特徴 ＼ 種類	魚 類	両生類	は虫類	鳥 類	ほ乳類
体 温	水温や気温と共に変化（**変温動物**）			一定（**恒温(こうおん)動物**）	
呼吸のしかた	えら	子はえら，親は肺※1	肺		
子の産まれ方	水中にからのない卵を産む（**卵生**）		陸上にからのある卵を産む（**卵生**）		子を産む（**胎生(たいせい)**）※2
体の表面	うろこ	ねん膜(まく)	うろこ，こうら	羽毛	毛
属する動物の例	メダカ，フナ，サメ	カエル，イモリ，サンショウウオ	ヘビ，カメ，ワニ，トカゲ，ヤモリ	ワシ，ペンギン，ハト	クジラ，コウモリ，イルカ，ヒト

※1　カエルのように補助的に皮ふ呼吸をするものもいる　※2　カモノハシは卵生

● 無セキツイ動物の分類

　無セキツイ動物も，セキツイ動物同様さらに細かく分類されるよ。次の〈図1〉を参考に，区別してみてね。

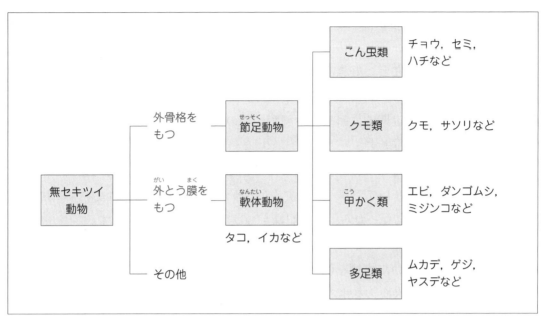

〈図1〉

　さらに，次の〈表2〉で，節足動物の特徴をとらえよう。

〈表2〉

	こん虫類	クモ類	甲かく類	多足類
区分	頭部，胸部，腹部	頭胸部，腹部	頭胸部（頭部，胸部），腹部	頭部，胴部
あし	6本（3対）	8本（4対）	10本（ダンゴムシは14本）	多数
しょっ角	2本（1対）	なし（触肢をもつ）	4本（2対）	2本（1対）

動物の分類，わかったかな？！ よし，**問題1** にチャレンジだ！

問題1　様々な動物

次の文章を読み，**問1〜問7** に答えなさい。

　生物を飼育することの好きなたかし君は，自宅で何種類かの生物を飼育しています。どの生物も，飼育をすることはそれほど難しくありません。たかし君は小学生ですが，定期的に餌やりや飼育かごの掃除をするなど，自分ひとりで生物の世話をしています。

　カブトムシは，近くの雑木林で捕まえてきたものを飼育しています。オスとメスをつがいで飼育しており，産卵するかどうかを楽しみにしています。①幼虫の世話をすることになったら，成長記録もつけようかと考えています。

　メダカは，近くのペットショップで購入したものを飼育しています。昔，キンギョを飼育していた水槽を使っていますが，この水槽にはろ過装置がついているので，頻繁に水換えをする必要がありません。ただし，②メダカが産卵したあとは親と卵とを分けなければならないため，毎日，ようすを観察しなければいけません。産卵したときに備えて，別の水槽も準備しています。

　イシガメも，近くのペットショップで購入したオス1匹を飼育しています。「つがいで飼育して産卵をさせることは難しい。」とペットショップの店員さんに聞いたので，繁殖させようとしたことはありません。

　アメリカザリガニは，近所の公園の池で捕まえてきたものを飼育しています。日本の公園で捕まえたのにアメリカザリガニとよばれていることは不思議でしたが，「③もともとは日本にいなかった生物だ。」とお父さんに聞いて，納得しました。ウシガエルという食用の大きなカエルの餌用に日本に持ちこまれたものが，野生で増えてしまったため，日本にもともといたザリガニの生息域が減っているとのことです。同じように，イシガメもアメリカからきたミシシッピアカミミガメに生息域を奪われてしまっているとのことでした。メダカも，野生のものは少なくなっていると聞いたたかし君は，生物を飼育することの大切さを感じるとともに，飼育をするときは，最期までしっかり飼育しなくてはならないと感じました。

問1 背骨のある生物はどれですか。次の**ア〜エ**の中からすべて選び，記号で答えなさい。

ア カブトムシ　**イ** メダカ　**ウ** イシガメ　**エ** アメリカザリガニ

問2 えらで呼吸をする生物はどれですか。次の**ア〜エ**の中からすべて選び，記号で答えなさい。

ア カブトムシ　**イ** メダカ　**ウ** イシガメ　**エ** アメリカザリガニ

問3 ていねいに飼育をした場合，寿命が最も短い生物はどれですか。次の**ア〜エ**の中から1つ選び，記号で答えなさい。

ア カブトムシ　**イ** メダカ　**ウ** イシガメ　**エ** アメリカザリガニ

問4 カブトムシとメダカについて，それぞれの成体（十分に成長した生物）のオスとメスの見た目に違いのある部位の名前を1つあげ，オスとメスで，それぞれどのようになっているかを説明しなさい。

問5 下線部①について，カブトムシの幼虫を飼育するとき，こまめに交換しなければならないものは何ですか。次の**ア〜エ**の中から1つ選び，記号で答えなさい。

ア 腐葉土　**イ** 砂　**ウ** 朽ち木　**エ** こん虫ゼリー

問6 下線部②について，メダカが産卵したあとに親と卵とを分けなければならない理由を簡単に答えなさい。

問7　下線部③の生物を外来種といいます。なかでも，日本にもともといる生物や環境（かんきょう）に影響（えいきょう）を与（あた）えている外来種は，侵略的（しんりゃくてき）外来種とよばれています。環境省と農林水産省が作成した「我（わ）が国の生態系等に被害（ひがい）を及（およ）ぼすおそれのある外来種リスト」に載（の）っている生物の組み合わせを，次の**ア〜ケ**の中から1つ選び，記号で答えなさい。

ア	アライグマ	ホンドタヌキ	ニジマス	オオクチバス
イ	アライグマ	ホンドタヌキ	イワナ	オオクチバス
ウ	アライグマ	ホンドタヌキ	ヤマメ	イワナ
エ	ホンドタヌキ	ハクビシン	ニジマス	オオクチバス
オ	ホンドタヌキ	ハクビシン	イワナ	オオクチバス
カ	ホンドタヌキ	ハクビシン	ヤマメ	イワナ
キ	アライグマ	ハクビシン	ニジマス	オオクチバス
ク	アライグマ	ハクビシン	イワナ	オオクチバス
ケ	アライグマ	ハクビシン	ヤマメ	イワナ

〈2021年　聖光学院中学校（改題）〉

問題1の解説

問1，問2

まずは，**ア〜エ**の動物についてまとめておくよ。

ア　「カブトムシ」　背骨のない無セキツイ動物で，こん虫類に属する。**気門**が体内の**気管**につながっていて，その気管で呼吸をしている。

イ　「メダカ」　背骨のあるセキツイ動物で，魚類に属する。えらで呼吸をしている。

ウ　「イシガメ」　背骨のあるセキツイ動物で，は虫類に属する。肺で呼吸をしている。

エ　「アメリカザリガニ」　背骨のない無セキツイ動物で，甲（こう）かく類に属する。えらで呼吸をしている。

　問1では，背骨のある生物，つまり，**セキツイ動物**を選べばよい。よって，**イ**「メダカ」，**ウ**「イシガメ」が答えだ。

　問2は，えら呼吸をする動物なので，**イ**「メダカ」，**エ**「アメリカザリガニ」が答えだ。

問 3

　一般的に，カブトムシは幼虫で冬越しし，成虫は冬を越せないとされるね。なので，一番寿命が短いと考えられる。よって，**ア「カブトムシ」**が答えだ。ちなみに，おおよその寿命は，カブトムシ：12 〜 15 か月，メダカ：2 〜 5 年（飼育下），イシガメ：30 〜 50 年，アメリカザリガニ：5 〜 7 年とされるよ。

問 4

　カブトムシは，飼ったことがある人はすぐわかるんじゃないかな!? 右の〈図 2〉のように，オスは頭部に立派な**角**があるよ。**メスは角がない**ね。

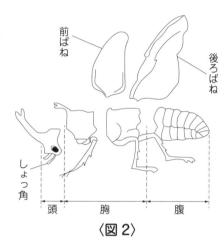

〈図 2〉

　メダカのオス，メスの特徴は，右の〈図 3〉でしっかり確認しよう。**背びれとしりびれの形**で区別ができるよ。ポイントをつかんで，記述してみてね。

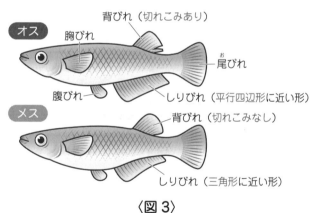

〈図 3〉

問 5

　カブトムシの幼虫はふんをするので，腐葉土はこまめに交換しなければいけないね。答えは**ア「腐葉土」**だ。**イ「砂」**は入れないし，**ウ「朽ち木」**はクワガタとかだよね。**エ「こん虫ゼリー」**は幼虫は食べないぞ。

問 6

　超頻出の問題だ！ 卵が産まれたら，**親メダカに食べられないよう**，卵のつけられた水草ごと別の水槽にうつす必要があるよ。

問7

侵略的外来種として，アライグマ，ハクビシン，ブラックバス（オオクチバス，コクチバス）は，ぱっと出てきてほしい知識だ！

それに加え，今回はニジマスが出題されている。先の第12講でニジマス釣りのお話を書いているのだけれど，実は，ニジマスは侵略的外来種だ……！ 要チェックだよ。

> ホンドタヌキはお名前のとおり，
> 日本古来の生き物だよ。

問題1の答え

問1 イ，ウ 　問2 イ，エ 　問3 ア

問4 （カブトムシ）〔解答例〕オスは頭部に大きな角があるが，メスは角がない。

　　　（メダカ）〔解答例〕オスは背びれに切れこみがあり，しりびれが平行四辺形に近い形をしているが，メスは背びれに切れこみがなく，しりびれが三角形に近い形をしている。

問5 ア 　　問6 〔解答例〕親メダカが卵を食べてしまうのをふせぐため。 　　問7 キ

さて，次は，実験結果を読みとる問題だ。**問題2**を見てみよう。

問題2　ミツバチの行動

次の文を読んで，**問1～問9**に答えなさい。

　ミツバチは社会性こん虫とよばれ，なかまと巣をつくったり，言語以外の方法でコミュニケーションをとったりして生活しています。例えばエサのありかをなかまに知らせたりします。では，エサのありかをどのように認識しているか考えてみましょう。

　図のような白いボール紙でできた装置に透明なアクリル板でふたをして，一匹のミツバチに対して**実験1**，**実験2**を行いました。**実験1**では，入り口から入ったミツバチが色Aに囲まれたぬけ穴を通りぬけて部屋zに移動します。そのあと，色Bで囲まれたぬけ穴を通ると部屋xにたどり着き，色Cで囲まれたぬけ穴を

通ると部屋 y にたどり着きます。**実験1**では部屋 x にはエサを置いておきます。部屋 y に飛んで行ったミツバチは入り口にもどします。ミツバチが部屋 x にたどり着くまでくり返します。ただし、エサにはにおいも色もついていません。

　ミツバチがエサを得たら、そのミツバチを用いて続けて**実験2**を行います。**実験2**では入り口から入ったミツバチが模様 a に囲まれたぬけ穴を通って、部屋 z に入ります。そのあと模様 b で囲まれたぬけ穴を通って部屋 x に行ったり、模様 c で囲まれたぬけ穴を通って部屋 y に飛んで行ったりできます。**実験2**ではエサは置きません。模様はすべて黒で縦じまか横じまがえがかれています。

　表は、条件Ⅰ～Ⅳのようにして、それぞれ別のたくさんのミツバチを用いて何度も**実験1**、**実験2**を行ったときの結果です。なお、ミツバチは色の認識ができることはよく知られています。

実験1

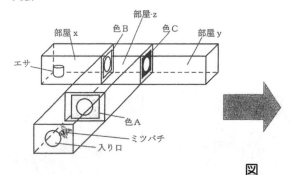

実験2

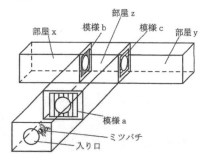

図

表

	実験1			実験2			実験2で多くのミツバチが最初にたどり着いた部屋
	A	B	C	a	b	c	
条件Ⅰ	青	青	黄	縦	縦	横	x
条件Ⅱ	緑	青	緑	縦	縦	横	y
条件Ⅲ	黄	黄	青	縦	横	縦	あ
条件Ⅳ	い			縦	横	縦	x

問1　ミツバチのはねの数は何枚ですか。また，はねのついているからだの部分はどこですか。

問2　こん虫でないものを，次の**ア〜ケ**から**すべて**選び，記号で答えなさい。

　　　ア　タガメ　　**イ**　ゲンゴロウ　　**ウ**　アメンボ　　**エ**　クモ
　　　オ　マムシ　　**カ**　ハエ　　　　**キ**　カ　　　　　**ク**　アリ
　　　ケ　ダンゴムシ

問3　社会性こん虫を，**問2**の**ア〜ケ**から1つ選び，記号で答えなさい。

問4　以下の図は，いろいろなこん虫の幼虫を表しています。ただし，縮尺は同じとは限りません。
　　(1)　アゲハの図として適当なものを，次の**ア〜オ**から1つ選び，記号で答えなさい。

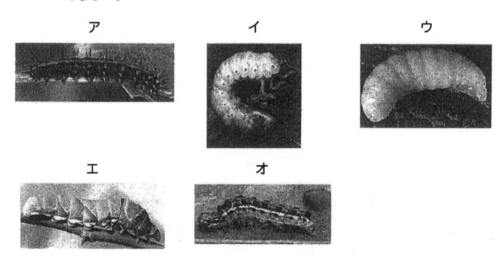

ア　　　　　　　　　イ　　　　　　　　ウ

エ　　　　　　　オ

　　(2)　アゲハのエサとして適当でないものを，次の**ア〜エ**から1つ選び，記号で答えなさい。

　　　　ア　レモンの葉　　　**イ**　サンショウの葉
　　　　ウ　アブラナの葉　　**エ**　ユズの葉

問5　ミツバチは次の**ア**〜**ウ**のどれにあてはまりますか。1つ選び，記号で答えなさい。

　　　ア　肉食動物　　**イ**　草食動物　　**ウ**　雑食動物

問6　　あ　　にあてはまるものを，次の**ア**〜**ウ**から1つ選び，記号で答えなさい。

　　　ア　x　　**イ**　y　　**ウ**　xとyが半分ずつ

問7　条件Ⅳの結果になるような実験として　　い　　にあてはまるものを，次の**ア**〜**エ**からすべて選び，記号で答えなさい。

　　　ア　緑　緑　黄　　**イ**　緑　黄　緑
　　　ウ　黄　黄　緑　　**エ**　黄　緑　黄

問8　**実験1**，**実験2**からミツバチの性質について考えられることを，次の**ア**〜**キ**から1つ選び，記号で答えなさい。

　　　ア　同じ色の方向に飛んで行く。
　　　イ　ちがう色の方向に飛んで行く。
　　　ウ　同じ模様の方向に飛んで行く。
　　　エ　ちがう模様の方向に飛んで行く。
　　　オ　色や模様そのものでなく，同じかちがうかを認識して飛んで行く。
　　　カ　色や模様に関係なく，左と右を交互に飛んで行く。
　　　キ　はじめてエサにたどり着いた方向を覚えて，その方向に飛んで行く。

問9 **実験1**，**実験2**から考えられるものとしてもっとも適当なものを，次の**ア**〜**オ**から1つ選び，記号で答えなさい。

ア ミツバチは経験をしなくても，エサの方向にまちがいなく飛んで行ける。

イ ミツバチは親に教えられて，エサのある場所まで飛んで行く。

ウ ミツバチはなかまの行動をみて，学習してエサの取り方を身につける。

エ ミツバチはエサにたどり着いた経路で，くり返し飛んで行ける。

オ ミツバチは経験をもとに，推測してエサを取りに行ける。

〈2022年　東大寺学園中学校（改題）〉

ミツバチはとても頭のいい
生き物だよ

問題２の解説

問1

　こん虫のからだは，**頭部**，**胸部**，**腹部**の３つの部分からなり，**胸部には６本（３対）のあしとはねがついている**。頭部には複眼，単眼，しょっ角，口が，腹部には気門がある。

　次の〈**図4**〉でトノサマバッタを確認してみてね。

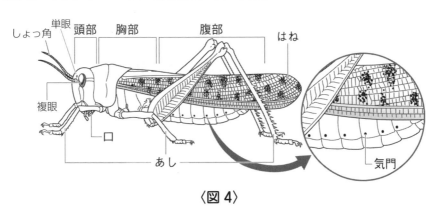

〈図4〉

　こん虫のはねの枚数について，**ふつうは胸部に4枚（2対）のはねがついている**。ただ，「ふつう」ということは……そうだ！ 例外があるんだ。

　ハエ，カ，アブなどははねが２枚，はたらきアリ，ノミ，シミなどははねをもたない。あわせてチェックだ！

　今回はハチがテーマの問題なので，右の〈**図5**〉でハチをおさえておいてね。

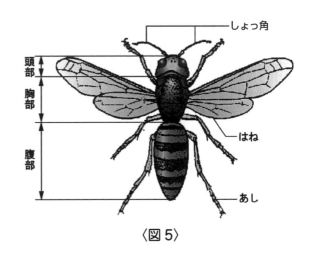

〈図5〉

　問1では，ミツバチのはねの枚数なので，通常どおり，胸部に４枚のはねがついているよ。これが答えだ。

問2

　エ「クモ」はクモ類，オ「マムシ」はは虫類，ケ「ダンゴムシ」は甲かく類となるよ。これらが答えだ。甲かく類は水の中に住むものが多いけど，ダンゴムシやワラジムシの仲間は陸上生活に適応している。とはいってもダンゴムシなんかが湿ったところに多いのは，甲かく類なんだなあ，と感じるところだね。

問3

社会性こん虫は，ハチ目！ ハチ，アリが代表だ。ク「アリ」が答えだ。

問4

(1) アゲハの幼虫は，ぱっとエを選べてほしいところだ！

(2) アゲハのエサは，ミカン科（ミカン，カラタチ，ユズ，サンショウなど）の植物の葉だよ。ウ「アブラナの葉」が答えだ。

問5

ミツバチは花粉や花のみつを食べるよ。まさに，イ「草食動物」だね。これが答えだ。

問6

ここからが楽しい問題。様々な条件と実験から，ミツバチのふるまいを推測しよう！

条件Ⅰと条件Ⅱより，**実験1**のときに同じ色で囲まれたぬけ穴を通ってエサにたどり着いたミツバチは，**実験2**のときに同じ模様で囲まれたぬけ穴を通って飛んで行き，**実験1**のときに別の色で囲まれたぬけ穴を通ってエサにたどり着いたミツバチは，**実験2**のときに別の模様で囲まれたぬけ穴を通って飛んで行くことがわかるよ。

条件Ⅲは条件Ⅰと同じように，同じ色で囲まれたぬけ穴を通ってエサにたどり着いているので，**実験2**では同じ模様のa, cのぬけ穴を通って飛んで行くと考えられるね。よって，**問6**は**イ**「y」が答えだ。

問7

条件Ⅳは，**実験2**のときに別の色で囲まれたぬけ穴を通ってエサにたどり着いているので，**実験1**ではAとBが別の色であると考えられるね。**問7**は，そんな選択肢を選べばよいので，**イ**，**エ**，これらが答えだ。

問8，問9

これらは，**問6**，**問7**の内容を総括しているね。ミツバチは，**色が何色であるか，模様がどちら向きであるかではなく，それらが同じかちがうかを認識している**と考えられるので，**問8**は**オ**，ミツバチは自身の経験から推測しエサを取りに行ったと考えられるので，**問9**は**オ**が答えだ。

問1 （はねの数）**4枚**，（からだの部分）**胸部**　　**問2** **エ，オ，ケ**　　**問3** **ク**
問4 (1) **エ** (2) **ウ**　　**問5** **イ**　　**問6** **イ**　　**問7** **イ，エ**　　**問8** **オ**
問9 **オ**

最後に，進化に関する問題だ。**問題3**を見てみよう。

問題3 進 化

次の文を読み，**問1**～**問3**に答えなさい。

地球は46億年前に誕生し，約40億年前に海ができ，やがて海の中で最初の
生物が誕生しました。そこから生物は進化をくり返しながら種類や数が増えて
いきました。およそ5億4千万年前から始まる古生代には，無セキツイ動物の
中から背骨のようなものをもつものが現れ，魚類に進化したといわれています。
魚類はその後，水辺でも生活できるように体のつくりを発達させていきました。
やがて陸上でも生活できるようになり，両生類や，は虫類などの生物が出現し
たと考えられています。**図1**は，5種類のセキツイ動物の出現する時代（地質
時代）についてまとめたものです。

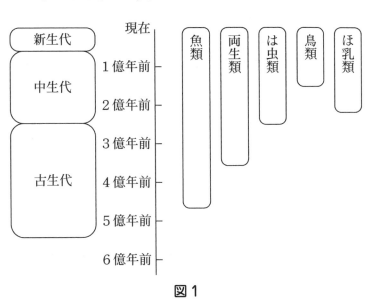

図1

問1 次の文を読み， ① にあてはまる語句をカタカナで答えなさい。

　2020年1月17日，国際地質科学連合（IUGS）は千葉県市原市にある地層を約77万年前の地質時代の境界を研究する上で最も優れた地点「国際標準模式地」に認定しました。それにともない，約77万4000年前〜12万9000年前の地質時代が ① と正式に命名されました。

問2　問1の時代はどの時代のことですか。図1の中の時代の名前で答えなさい。

問3　図2のような生物の化石が見つかったことから，鳥類はは虫類から進化したと考えられています。以下の文はこの生物の特徴_{とくちょう}を説明したものです。文中の ② ， ③ にあてはまる適切な語句をそれぞれ答えなさい。ただし，解答例が複数ある場合，考えられるものを1つずつ答えればよいものとします。

　この生物は，は虫類の特徴である ② をもち，また，鳥類の特徴である ③ をもっていたことがわかる。

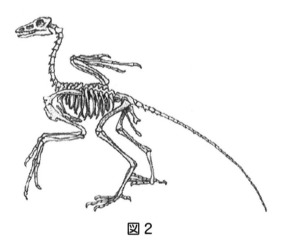

図2

〈2021年　大妻嵐山中学校（改題）〉

問題 3 の解説

　知識の整理でお伝えした，5 種類のセキツイ動物の進化の流れが，本文中にていねいに記述されているよ。問題部分ではないけれど，しっかりとおさえておいてね。

問 1

　2020 年 1 月に，ついに日本初の地質時代が決定したね！　その名も，**チバニアン**。千葉県市原市内に存在する千葉セクションとよばれる地層が，約 77 年前の地質時代の境界を研究する上で最も優れた地点に認定されたことによるよ。

問 2

　「約 77 万 4000 年前～ 12 万 9000 年前」と文中に与（あた）えられているので，それを**図 1**の時代区分から選べば OK だ！　**新生代**が答えだ。

さらなる高みへ

　近年，新生代の中に，人類の活動や産業技術が大きく影響（えいきょう）をもたらした今の時代を，人新世（じんしんせい，ひとしんせい）として書き加えようとする議論がさかんになっているよ。今後どうなるか，気になるところだね。

問 3

　始祖鳥（しそちょう）のお話だ。現在知られている最も古い鳥類とされ，鳥類の特徴（とくちょう）である羽毛におおわれているけれど，は虫類の特徴である**するどい歯をそなえたあご**や，**かぎ爪（つめ）のある 3 本の指**をもち，**長い尾（お）に骨がある**動物だ。この中から記述すれば大丈夫（だいじょうぶ）だよ。

問題 3 の答え

問 1　チバニアン　　**問 2**　新生代
問 3　②　（次のうち 1 つ）**するどい歯をそなえたあご**，**かぎ爪のある 3 本の指**，**長い尾に骨**
　　　　③　**羽毛**

　はーい，動物，いかがだったでしょうか。知識中心の分野，よく復習してくださいね。

動物やヒトのからだ

メンデルくん

本講では，**動物やヒトのからだ**について学びます。まずは，**問題 1 〜問題 4 の共通の知識**をまとめておくね。

知識の整理

🌑 さまざまな器官

この文章を書いている今，朝 5 時です。ああ，とてもおなかが空いた。ちょっぴりおにぎりをいただくね。もぐもぐもぐ…ふう。よし！ やる気が出たぞ。大きく深呼吸して，まだまだもりもりお仕事だ！……このように，われわれヒトは，食べ物から栄養を吸収したり，空気から酸素を吸収したりなど，からだをつくる行為をさまざまな器官を通して行っているよ。

そんなからだの器官をはたらきによって大きく分類した，**呼吸器官**，**消化器官**，**循環器官**，**排出器官**について，一つひとつ，おさえておくことにしよう。

🌑 呼吸器官

生物が体内に酸素を取り入れ，二酸化炭素を体外に出すはたらきを呼吸（外呼吸）という。**肺**は，呼吸をするための呼吸器官であり，**気管，気管支，肺胞**からなるよ。

次の〈図 1〉のように，鼻や口から取り入れられた空気は，気管，気管支を通って，肺胞から酸素が体の中に取り入れられる。

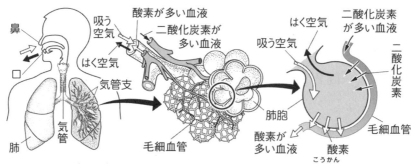

鼻　吸う空気　酸素が多い血液　二酸化炭素が多い血液　はく空気　吸う空気　はく空気　二酸化炭素が多い血液　二酸化炭素　気管支　肺胞　毛細血管　肺　気管　毛細血管　酸素が多い血液　酸素

〈図 1〉呼吸器官と酸素，二酸化炭素の交換

　肺には約３億個の肺胞があり，表面積が非常に大きい。そのおかげで，空気とふれやすく，**効率よく酸素と二酸化炭素を交換する**ことができるよ。酸素は，赤血球中の赤い色素**ヘモグロビン**と結びつき，全身へ運ばれていくんだ。

● 消化器官

　食べ物にはいろいろな種類の養分がふくまれている。エネルギー源として用いられる**でんぷんや脂肪**，からだをつくる材料となる**たんぱく質**は三大栄養素なんていわれたりもするよ。

> さらなる高みへ
>
> 　でんぷん，脂肪，たんぱく質の三大栄養素に，ビタミン，ミネラルを加えて，五大栄養素なんてよぶこともあるよ。

　食べ物は，食道，胃，十二指腸，小腸，大腸，肛門とひとつながりの管を通っていく。この管を**消化管**とよぶよ。

　消化管と，だ液せん，すい臓などの器官を合わせ，**消化器官**というよ。右の〈図２〉で確認してね。

　消化器官では，消化液を出すんだけれど，消化のために必要な消化酵素をふくむもの，ふくまないものがある。次ページの〈表１〉で確認してね。ちなみに……消化"**管**"と消化器"**官**"，漢字にはよく注意してね！

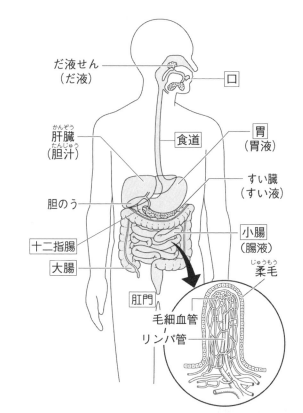

〈図２〉 ▢ は消化管を，（　　）内は消化液を表す。

〈表1〉

消化管	消化液	消化酵素とそのはたらき
口 ↓ 胃	だ液	アミラーゼ でんぷん ━━━━━━▶ 麦芽糖（ばくがとう）
	胃液	ペプシン たんぱく質 ━━━━━━▶ ペプトン（たんぱく質）
	すい液	アミラーゼ でんぷん ━━━━━━▶ 麦芽糖 マルターゼ 麦芽糖 ━━━━━━▶ ぶどう糖 トリプシン ペプトン（たんぱく質） ━━━━━━▶ ポリペプチド（たんぱく質） リパーゼ 脂肪（しぼう） ━━━━━━▶ 脂肪酸（さん）とモノグリセリド
	胆汁（たんじゅう）	脂肪酸を細かくし，消化酵素のはたらきを助ける（消化酵素はふくまれない）
↓ 小腸 ↓ 大腸	腸液	マルターゼ 麦芽糖 ━━━━━━▶ ぶどう糖 ラクターゼ 乳糖（にゅうとう） ━━━━━━▶ ぶどう糖 ペプチターゼ ポリペプチド（たんぱく質） ━━━━━━▶ アミノ酸（さん） リパーゼ 脂肪 ━━━━━━▶ 脂肪酸とモノグリセリド
	なし	消化は行われない

さらなる高みへ

水分は大腸からも吸収されるけれど，その大部分は小腸で吸収されているよ。

循環器官

血液は，心臓から送り出されて，全身をめぐり，また心臓へかえってくる。これを**血液の循環**というよ。心臓は，じょうぶな筋肉でできたにぎりこぶしほどの大きさのふくろで，**拍動**とよばれる，縮む，ゆるむ動きをくり返していて，それによって全身に血液を送りだす，ポンプのような役割をしているんだ。

さらなる高みへ

脈拍は動脈の拍動のこと。心臓の拍動によっておこる，血管の動きなんだね。

心臓から送り出される血液がとおる血管を**動脈**，心臓からかえってくる血液がとおる血管を**静脈**という。ここで，**動脈血**と，**静脈血**とのちがいに注意！ **酸素を多くふくむあざやかな赤色の血液を動脈血，酸素をあまりふくまず，二酸化炭素を多くふくむ赤黒色の血液を静脈血**というんだ。

動脈でも静脈血が流れたり，静脈でも動脈血が流れたりしていることがあるから，気をつけてね！

心臓から出た血液が，体内の各器官をまわり，再び心臓にかえる血液の循環には，**肺循環**と**体循環**がある。

肺循環は，心臓から出た血液が肺をとおって心臓へかえる循環で，**右心室→肺動脈→肺→肺静脈→左心房**の流れをおさえておこう。肺で酸素を取り入れ，二酸化炭素を受けわたすガス交換をする役割があるよ。

体循環は，心臓から出た血液が全身をめぐり心臓へかえる循環で，**左心室→大動脈→全身→大静脈→右心房**の流れをおさえておこう。全身の細胞に酸素や養分を与え，二酸化炭素と不要物を回収する役割があるよ。

右の〈図3〉中の①～⑤の血管に流れる血液は，よく出題される特徴(とくちょう)があるよ。まとめておさえておこう！

①　二酸化炭素が最も多くふくまれる

②　酸素が最も多くふくまれる

③　食後に最も多くの養分をふくむ

④　空腹時に最も多くの養分をふくむ

⑤　二酸化炭素以外の不要物が少ない

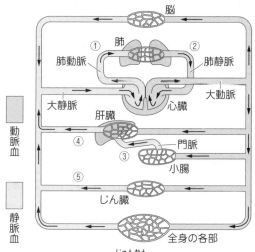

〈図3〉肺循環(じゅんかん)と体循環

🟤 排出器官(はいしゅつ)

体中の細胞が生きるためのエネルギーを得るため，**養分と酸素を分解して，エネルギーをつくるはたらき**を細胞の呼吸（内呼吸）という。

このとき，エネルギーとともに，二酸化炭素や水，アンモニアなどの不要物もできてしまう。

二酸化炭素は血しょうに溶(と)け，肺に運ばれて呼吸により排出される。水は血液でじん臓，汗腺(かんせん)に運ばれ，尿(にょう)や汗(あせ)により排出される。アンモニアは**肝臓で無害な尿素に変えられ**，じん臓で尿により排出される。このような，不要物を体外に出すはたらきを**排出**といい，じん臓など不要物を体外に出すための器官を排出器官というよ。右の〈図4〉で，じん臓とぼうこうをチェックしておこう。

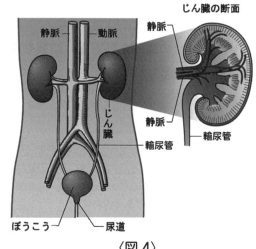

〈図4〉

それでは，**問題1**にチャレンジだ！

問題1　ヒトの血液の循環（じゅんかん）

次の**問1**〜**問4**に答えなさい。

問1　**図1**は，人の血液の循環のようすを模式的に表したものです。酸素の濃度（のうど）がいちばん大きい血液が流れている血管を**図1**中の①〜⑥の中から1つ選び，記号と血管の名前を答えなさい。

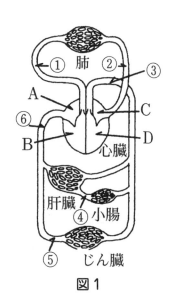

図1

問2　**図1**にある心臓（しんぞう）の各部分A〜Dのうち，最も筋肉が厚いのはどこですか。A〜Dの中から1つ選び，記号と名前を答えなさい。

問3　次の**ア**〜**カ**のうち，肝臓（かんぞう）のはたらきではないものをすべて選び，記号で答えなさい。

ア　血液中のぶどう糖が少なくなると，グリコーゲンをぶどう糖に変えて血液中に放出する。

イ　血液中のぶどう糖が多くなると，ぶどう糖をグリコーゲンに変えてたくわえる。

ウ　たんぱく質の分解によってできるアンモニアを尿素（にょうそ）に変える。

エ　食物中のたんぱく質やでんぷんを分解する消化液を出す。

オ　血液中の塩分（えんぶん）の濃度を調整する。

カ　血液中の有毒物質（ゆうどく）を分解したり無毒（むどく）な物質に変える。

問4　小腸の内部はひだが多く，そのひだの表面に柔毛（じゅうもう）（柔突起（じゅうとっき））という細かい突起がたくさんあります。これはどのような点でつごうがよいですか。20字以上30字以内で説明しなさい。ただし，句読点（くとうてん）も1字とします。

〈2021年　城北埼玉中学校（改題）〉

問題１の解説

問1

　肺で，酸素と二酸化炭素を交換（こうかん）するわけだから，**肺を通過後の血液が流れる肺静脈は，酸素の濃度（のうど）が一番大きいはず**だと考えられる。肺循環（はいじゅんかん）は，右心室→肺動脈→肺→肺静脈→左心房（さしんぼう）の流れだったね。よって，**②，肺静脈が答え**だ。

　このとき，肺静脈には，**動脈血が流れている**ことも，チェックしておいてね。

問2

　全身に血液を送り出すＤの左心室の筋肉が，一番厚くなるはず。**Ｄ，左心室が答え**だ。

問3

　肝臓のはたらきは，中学入試では次の３つがよく問われるよ。

- ・小腸で吸収したぶどう糖をグリコーゲンとしてたくわえ，必要に応じてグリコーゲンを分解し，ぶどう糖を血液中に放出する。
- ・解毒作用があり，アルコールなどの有害物質を無害なものに変えたり，たんぱく質の分解でうまれた有害なアンモニアを無害な尿素（にょうそ）に変えたりする。
- ・古くなった赤血球などを分解し，胆汁（たんじゅう）をつくる。

よって，**ア，イ，ウ，カ**は正しい選択肢（せんたくし）だ。

エ　肝臓のつくる消化液である胆汁は，脂肪を分解するのをたすける役割だ。**胆汁には消化酵素（こうそ）はふくまれていない**ことにも注意しておいてね。**×**

オ　これはじん臓のはたらきだね。**×**

よって，**エ，オ**が答えだ。

問4

　小腸内部の柔毛（じゅうもう）（柔突起（じゅうとっき））により表面積が大きくなるので，養分を吸収しやすくなるよ。これを記述すればよい。右の〈図5〉もチェック！

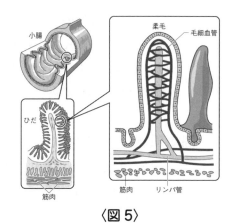

〈図5〉

問題１の答え

問1　（記号）②，（血管の名前）**肺静脈**　　**問2**　（記号）Ｄ，（名前）**左心室**

問3　**エ，オ**

問4　〔解答例〕**小腸の表面積が大きくなり，効率よく養分を吸収できるから。**

問題2　動物の心臓

次の文を読み，**問1〜問4**に答えなさい。

心臓は，血液をからだ全体に送り出すためのポンプのようなはたらきをしています。この動きを拍動といいます。今，中学一年生のふたばさんの安静時の拍動数を調べたところ1分間あたり65回でした。なお，心臓が1回の拍動によりからだの各部分に送り出す血液量は50 *g*，ヒトの体重に対する血液全体の重さの割合は $\frac{1}{13}$ とします。

問1　1分間あたりに心臓からからだの各部分に送り出された血液は何*g*か答えなさい。

問2　ふたばさんの体重は52 *kg* でした。ふたばさんの血液は，からだを10分間あたり何回循環するか，四捨五入して整数で答えなさい。

問3　私たちヒトと同じ心臓のつくりをしている動物を次の**ア〜コ**からすべて選び，記号で答えなさい。

ア　メダカ　　**イ**　シャチ　　**ウ**　アザラシ　　**エ**　ペンギン
オ　ラッコ　　**カ**　イモリ　　**キ**　トンボ　　**ク**　トカゲ
ケ　ウサギ　　**コ**　コウモリ

問4　血管は，人体内には無数に存在していて，すべて臓器には動脈と静脈が通っていてはたらいています。血管の中には，肝臓と小腸をつなげているものがあり，小腸を通った血液は必ず肝臓へ流れるようになっています。なお，この血管内を流れる血液は特徴的であることが知られています。この血管内を流れる血液の特徴として最も適当なものを次の**ア〜エ**から1つ選び，記号で答えなさい。

ア　この血管は，老廃物と二酸化炭素を多くふくむ血液が流れている。
イ　この血管は，栄養分と二酸化炭素を多くふくむ血液が流れている。
ウ　この血管は，老廃物と酸素を多くふくむ血液が流れている。
エ　この血管は，栄養分と酸素を多くふくむ血液が流れている。

〈2021年　青稜中学校（改題）〉

さまざまな動物の心臓についての問題だね。早速みていこう。

問1

きちんと条件を整理しよう。以下のような表を書くとわかりやすいよ。ふたばさんの安静時の拍動数は，1 分間あたり 65 回，1 回の拍動により心臓が送り出す血液量は 50 g より，

拍動数	血液量	時　間
1 回	50 g	
65 回	□ g	1 分

$$\therefore \quad □ = 50 \times 65 = \textbf{3250 g}$$

問2

問1 の表に，さらに並べて書くとわかりやすいよ。10 分間に心臓が送り出す血液量は，

拍動数	血液量	時　間
1 回	50 g	
65 回	□ g	1 分
	△ g	10 分

$$\therefore \quad △ = □ \times 10 = 3250 \times 10 = 32500 \text{ g}$$

ふたばさんの体重は 52 kg なので，ふたばさんのからだの中の血液の重さは，

$$52 \times \frac{1}{13} = 4 \text{ kg} = 4000 \text{ g}$$

よって，血液がからだを 10 分あたりに循環する回数は，

$$32500 \div 4000 = 8.1 \text{ 回}$$

小数第 1 位を四捨五入し整数にすると，**8 回**，これが答えだ。

問3

ヒトはほ乳類であり，**ほ乳類の心臓は2心房2心室**だ。その他のセキツイ動物で心臓が2心房2心室なのは，**鳥類，は虫類**（不完全だけれど）だ。**恒温動物**で覚えておくといいよ。

ちなみに魚類は1心房1心室，両生類は2心房1心室であることも，せっかくなのでおさえておいてね。次の〈図6〉をチェック！

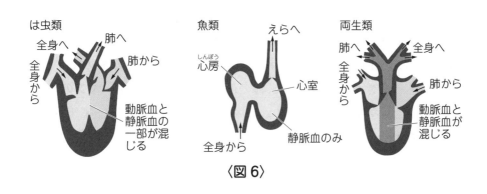

〈図6〉

今回の選択肢において，**イ**「シャチ」，**ウ**「アザラシ」，**オ**「ラッコ」，**ケ**「ウサギ」，**コ**「コウモリ」はほ乳類，**エ**「ペンギン」は鳥類であるので，**イ，ウ，エ，オ，ケ，コ**が答えだ。

他の選択肢について，**ア**「メダカ」は魚類，**カ**「イモリ」は両生類，**キ**「トンボ」は無セキツイ動物のこん虫類，**ク**「トカゲ」はは虫類であることもしっかり確認しておこう。

ちなみに，ヤモリはイモリと名前は似ているけれど，は虫類であることに注意しておいてね。

問4

門脈（肝門脈）のお話だ。小腸と肝臓の直通ライン，小腸で吸収した栄養分を豊富にふくむ。ただ小腸を通過後の血液なので，二酸化炭素も多くふくむはず。よって，**イ**が答えだ。

> ### 問題2の答え

問1　3250g　　問2　8回　　問3　イ，ウ，エ，オ，ケ，コ　　問4　イ

さて，次はじん臓のはたらきと，計算問題だ。**問題3**を見てみよう。

次の文章を読み，**問1**〜**問3**に答えなさい。

ヒトの体内では，生命活動によって生じた不要物は血液によってじん臓に運ばれます。じん臓では血液中の不要物をこしとって，余分な水とともに尿をつくります。つくられた尿はぼうこうにためられ，体外に出されます。

図1は，じん臓内で尿がつくられる過程を模式的に表したものです。まず，じん臓内に入ってきた血液は ₐ糸球体の部分でその一部がボーマンのうにこし出されます。これを原尿といいます。原尿はボーマンのうから細尿管へ移動し，細尿管を通る中で ₑ必要な成分が水とともに毛細血管に再吸収され，ₑ残ったものが尿となります。

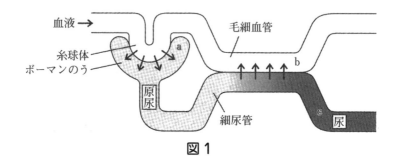

図1

血液にはぶどう糖，尿素，クレアチニンなどの成分がふくまれます。じん臓内で原尿，尿へと変化する過程で，それらの成分の割合は変化していきます。**表1**は，原尿と尿にふくまれる各成分の重さの割合〔％〕を示したものです。ただし，1日につくられる原尿の量は180 L，1日に排出される尿の量は1.4 Lです。また，原尿，尿はそれぞれ1 Lあたりの質量を1000 gとします。

表1

成　分	原尿〔％〕	尿〔％〕
ぶどう糖	0.1	0
尿　素	0.03	2
クレアチニン	0.001	0.075

問1　原尿のうち，細尿管から毛細血管に再吸収される量は1日あたり何Lですか。

問2　原尿にふくまれるクレアチニンのうち，細尿管から毛細血管に再吸収される量は1日あたり何 g ですか。

問3　尿素は原尿中に比べ，尿中では何倍濃くなっていますか。小数第1位を四捨五入して整数で答えなさい。

〈2021年　東邦大学付属東邦中学校〉

問題3の解説

しっかりと問題文から情報を読みとって，計算していこう！

問1

「1日につくられる原尿の量は180L，1日に排出される尿の量は1.4L」より，細尿管から1日に吸収される量は，

$$180 - 1.4 = 178.6 \, L$$

問2

クレアチニンは，原尿中には0.001%，尿中には0.075%ふくまれるから，1日あたりの原尿中のクレアチニンの重さから，1日あたりの尿中のクレアチニンの重さを引けば，1日あたりの再吸収されたクレアチニンの重さが求められるね。

$$180 \times 1000 \times \frac{0.001}{100} - 1.4 \times 1000 \times \frac{0.075}{100}$$
$$= 0.75 \, g$$

問3

濃さ，つまり**濃度**を問われていることに注意！

尿中の尿素の濃度〔g/L〕は，$\dfrac{1.4 \times 1000 \times \dfrac{2}{100}}{1.4} = 20\ g/L$，原尿中の尿素の濃度

〔g/L〕は，$\dfrac{180 \times 1000 \times \dfrac{0.03}{100}}{180} = 0.3\ g/L$ と計算できる。

よって，原尿中に比べ，尿中での尿素は $20 \div 0.3 = 66.6$ 倍濃くなっている。小数第1位を四捨五入すると，**67 倍**，これが答えだ。

〈上の別解〉

濃度が難しいと思ったみなさん，ご安心ください！ わかりにくければ，**尿や原尿 1 L 中の尿素の重さを考えるといい**よ。

尿 1 L 中の尿素の重さ〔g〕は，

$$1000 \times \frac{2}{100} = 20\ g$$

原尿 1 L 中の尿素の重さ〔g〕は，

$$1000 \times \frac{0.03}{100} = 0.3\ g$$

と計算できる。以下，同様だね。

問題 3 の答え

問1　178.6 L　　問2　0.75 g　　問3　67 倍

最後に，**ヒトの誕生**に関する問題だ。**問題 4** を見てみよう。

次の文を読み，**問1～問4**に答えなさい。

　ヒトの卵と精子が受精すると，受精卵は1週間ほどで着床します。おなかの中の子ども（以下「たい児」とする）は母親の子宮の中で育ちますが，子宮の中には　①　が満たされており，たい児は外部からのしょうげきなどから守られています。子宮のかべにある　②　と，たい児は　③　でつながっており，母親はこれを通してたい児へ必要なものをあたえ，いらなくなったものを回収します。

　ヒトのたい児は，途中までは子宮の中で回転できますが，成長して出産が近づき，少しずつ　①　が減って子宮の中がたい児にとってせまくなってくると，多くの場合，頭を④{**ア**　上　**イ**　下}に向けた状態で出産に備えます。そして，受精から⑤{**ア**　22　**イ**　30　**ウ**　38　**エ**　46}週ほどで誕生します。個人差はあるものの，日本人の新生児の平均身長は約⑥{**ア**　10　**イ**　30　**ウ**　50}cm，平均体重は約⑦{**ア**　1　**イ**　3　**ウ**　5　**エ**　7}kgとされています。

　ヒトの血液が肺へ運ばれると，血液中に気体A（以下「A」とする）が取りこまれ，同時に，血液中にふくまれていた気体B（以下「B」とする）がはき出されます。これを　⑧　といいます。このとき，血液中に存在するヘモグロビンという物質がAを受けとります。母親の体内のうち，肺では血液中のAの濃度は最も高く，Bの濃度は最も低くなっています。肺でAを受けとった血液は母親の体内をめぐり，Aの濃度が低くBの濃度が高くなっている「体の各部分」にたどり着きます。そこで血液中のヘモグロビンは運んできたAの大部分を手放して「体の各部分」へあたえ，Bは血液中に回収されます。母親の血液の一部は　②　へ届き，ここでたい児の血液中のヘモグロビンへAが受けわたされ，同時にたい児の血液からBが回収されます。新生児は，産声を発すると同時に，肺での　⑧　を開始します。

問1　上の文中の　　　にあてはまる語句を答え，また，{　　　}の中からあてはまるものを選び記号で答えなさい。

問2　気体Aおよび気体Bの名前をそれぞれ答えなさい。

問3　たい児は，産まれる2か月ほど前から，　⑧　の"練習"をしています。どのように"練習"するでしょうか。「たい児は子宮のなかで過ごしている」ことから考えて15字以内で答えなさい。

問4　たい児の血液中のヘモグロビンは，母親の血液中のヘモグロビンとは性質が異なっています。以下の文中の　⑨　にあてはまる語句を4字以内で，　⑩　にあてはまる語句を6字以内でそれぞれ答えなさい。なお，　②　における A の濃度(のうど)，B の濃度は，母親の「体の各部分」と同じ条件とします。

　母親の血液中のヘモグロビンに比べて，たい児の血液中のヘモグロビンは，A の濃度が低く B の濃度が高いときでも，より A と　⑨　やすいという性質をもっている。このことによって，　②　を通してたい児は A を効率よく　⑩　ことができる。

〈2021年　灘中学校（改題）〉

問題4の解説

問1

　自分の産まれたときの体重や身長って知っているかな？　ご家族に聞いたりして，調べてみよう。そして，本文の穴うめをしながら，知識を深めていこう！

① 　子宮の中は羊水で満たされているね。①は羊水が答えだ。

②，③ 　たい児は，子宮のかべにあるたいばんとへそのおでつながっているよ。②はたいばん，③はへそのおが答えだ。ちなみに，へそのおには2本の動脈と1本の静脈があるけれど，それらにはたい児の血液のみ流れ，母親の血液は流れないこともチェックしておこう！

④ 　たい児は，ふつう頭を下に向けた状態で，出産に備えるね。④はイ「下」が答えだ。

⑤ 　たい児は，受精から38週ほど子宮の中で育ったあと誕生する。⑤はウ「38」が答えだ。

⑥,⑦　日本人の新生児の平均身長は約 50 cm，平均体重は約 3 kg だよ。⑥は**ウ「50」**，⑦は**イ「3」**が答えだ。

⑧　新生児は，産声をあげることで肺胞（はいほう）が一気にふくらみ，自身の肺での呼吸ができるようになるよ。⑧は**呼吸**が答えだ。

問2

肺では，酸素と二酸化炭素を交換している（こうかん）よ。気体 A は**酸素**，気体 B は**二酸化炭素**が答えだ。

問3

子宮の中は羊水で満たされているので，**たい児は羊水を飲んだりはいたりして**，呼吸の練習をしているよ。これを記述すればいいね。

問4

たい児の血液中のヘモグロビンが，母親の血液中のヘモグロビンと同じくらいしか酸素に対する結合力がなければ，たい児は母親の血液中のヘモグロビンに結合された後の，少ない酸素しかふくまれない血液中から酸素を取りこむことができないよね。よって，たい児の血液中のヘモグロビンは，母親の血液中のヘモグロビンと比べ，酸素と結びつきやすいはずだ。⑨は**結びつき**が答えだ。

このようにして，たいばんを通して，たい児は酸素を効率よく取りこむことができるんだね。よって，⑩は**取りこむ**が答えだ。

問題 4 の答え

問1　①　羊水　②　たいばん　③　へそのお　④　イ　⑤　ウ　⑥　ウ　⑦　イ
　　　⑧　呼吸
問2　気体 A　**酸素**　気体 B　**二酸化炭素**
問3　〔解答例〕羊水を飲んだりはいたりする。または，羊水を肺に出し入れする。
問4　⑨　結びつき　⑩　取りこむ

はーい，動物やヒトのからだ，いかがだったでしょうか。知識も計算も盛りだくさんの分野，よく復習してくださいね。

第2章

地球と宇宙

第4講　太陽，月，地球

第5講　星　座

第6講　流水と地層

第7講　生物と環境

第8講　天気の変化

太陽，月，地球

コペルくん

今回から「**地球と宇宙**」についてのお話に入るよ。まず本講では，太陽，月，地球について学びます。まずは，**問題1〜問題4**について**共通の知識**をまとめておくね。

知識の整理

太陽，月，地球の大きさ

太陽，月，地球の直径は，それぞれ約140万km，約3500km，約1万3000kmで，太陽は，その直径が地球の約109倍，月の約400倍もある大きな恒星だ。これだけ直径がちがうのに，地球から見た**太陽と月はほとんど同じ大きさに見える**。

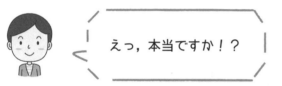

えっ，本当ですか！？

不思議に思うよね。これは，右の〈図1〉のように，**地球から太陽までの距離**（約1億5000万km）**が地球から月までの距離**（約38万km）**の約400倍**と，太陽と月の直径の比率とほぼ同じになっていることによるんだ。

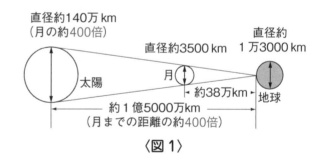

直径約140万km
（月の約400倍）

直径約3500km

直径約
1万3000km

太陽　　　　月　　地球

約38万km

約1億5000万km
（月までの距離の約400倍）

〈図1〉

恒星，惑星，衛星

太陽はいつ見ても明るく光っているけれど，月は光り方が変わる。**星自身が光を出しているもの**を恒星といい，太陽は恒星なので，いつも明るく光って見えるんだ。

それに対し，**自身では光や熱を出さず，太陽の光を反射して回っている星**もある。例えば，地球のように太陽のまわりを回る**惑星**や，その惑星のまわりを回る**衛星**なんかがこれにあてはまるね。

光って見えるものの中でも，月のように，右側から満ちて満月となり，右側から欠けていくような変わり方をする星もあれば，月のようではなく，中途半端に満ちたり欠けたりするものもある。

　これらのちがいはなんだろうか？　それを，**問題1〜問題4**の問題から考えていこう。まずは，**問題1**に挑戦だ！

問題1	太陽と地球

　次の**問1〜問7**に答えなさい。

問1　地球は1年間かけて太陽の周りを公転すると同時に自転しています。**図1**は地球の北半球側から見た地球の公転を表したものです。地球の自転，公転の向きとして最も適当なものの組み合わせを以下の選択肢**あ〜え**の中から1つ選び，記号で答えなさい。

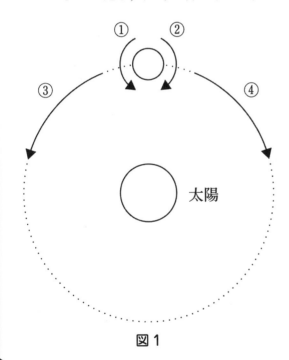

選択肢

	自転	公転
あ	①	③
い	①	④
う	②	③
え	②	④

図1

問2　図2は北半球を上とする地球が太陽の周りを公転するようすを表してい
　　ます。北半球の夏至の地球の位置として最も適当なものを図2中の**あ〜え**
　　の中から1つ選び，記号で答えなさい。

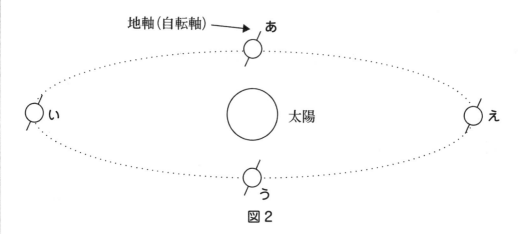

図2

問3　図3は地球の北半球にいる人から見たさまざまな季節の太陽の動きを表
　　したものです。A，Bの方角は何ですか。最も適当なものの組み合わせを以
　　下の選択肢**あ〜え**の中から1つ選び，記号で答えなさい。

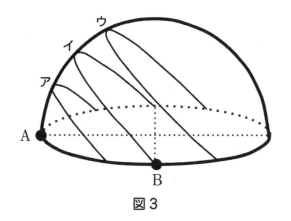

図3

選択肢

	A	B
あ	北	東
い	北	西
う	南	東
え	南	西

問4　夏至の太陽の動きとして最も適当なものを図3中の**ア〜ウ**の中から1つ
　　選び，記号で答えなさい。

北半球の平らな地面に棒を垂直に立て，影（かげ）の先端（せんたん）の位置を時間の経過とともに日の出から日の入りまで記録しました。その記録を**図4**に表しました。

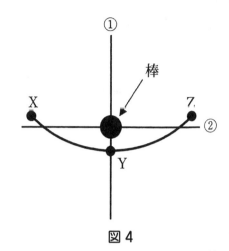

図4

問5　**図4**の①，②の方角は何ですか。最も適当なものの組み合わせを次の選択肢（たくし）**あ〜え**の中から1つ選び，記号で答えなさい。

選択肢

	①	②
あ	北	東
い	北	西
う	南	東
え	南	西

問6　日の出のときの影の先端の位置として最も適当なものを**図4**中のX〜Zの中から1つ選び，記号で答えなさい。

問7　この実験を行ったときの季節は何ですか。最も適当なものを次の**あ〜え**の中から1つ選び，記号で答えなさい。

　　あ 春　　**い** 夏　　**う** 秋　　**え** 冬

〈2021年　攻玉社中学校（改題）〉

問題 1 の解説

問1

　北半球側から見た地球の自転, 公転の向きは反時計回りだ。もしも南半球側から見ると, その向きは**時計回り**になることに注意！

　むむ……？　と思った人。例えば手元の消しゴムなんかを, 上から見て反時計回りに回してみよう。これが, 北半球側から見た地球の自転の回転方向だ。

　そのまま, 消しゴムを回転させながら上へ持ち上げていこう。消しゴムを下から見上げる形になるけれど, どう回転して見えるかな？……そうだ！　時計回りに回転しているように見えるよね。こちらが南半球側から見た地球の自転の回転方向だ。

　見る向きが変わると, 回転方向も変わること, 理解できたかな？　次の〈図2〉も参考にしてみてね。

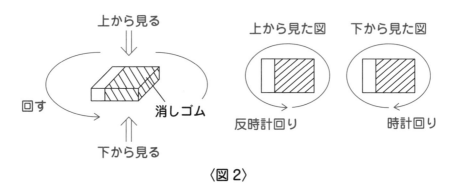

〈図2〉

　公転と自転は同じ方向となるので, 自転は①, 公転は③の**あ**が答えだ。

問2

　さあ, 中学入試で"超"がつくほどよく出題されている, **地軸の傾き**がわかる図だ！この図からは, 季節を読みとることができるよ。

　昼と夜の境目の線を問題の図2に書きこむと, 次の〈図3〉のとおりだ。

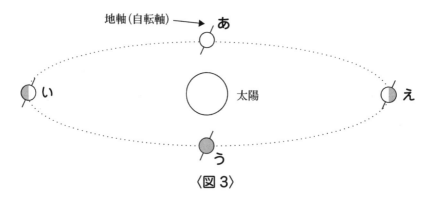

〈図3〉

例えば，**い**について考えてみよう。北半球のお話なので，**い**の地球の日本付近に，以下の〈**図4**〉のように赤道に平行な線を引いてみる。

まさに**昼の時間が長く，夜の時間が短く**なっていることがわかるね。よって，**い**は夏至だと判断できる。

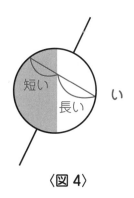

〈**図4**〉

同様に**え**について考えてみると，次の〈**図5**〉からもわかるように，昼の時間が短く，夜の時間が長くなっていることがわかるね。よって，**え**は冬至だと判断できる。

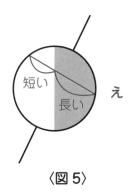

〈**図5**〉

地球は反時計回りに公転しているので，春分と秋分も決定できる。これらを書きこむと，次の〈**図6**〉のとおりだ。

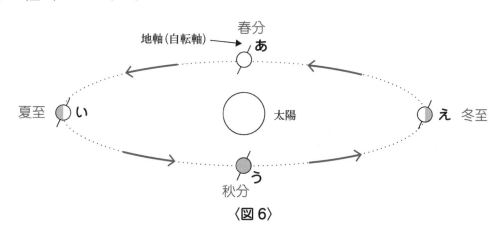

〈**図6**〉

よって，北半球の夏至の地球の位置はい，これが答えだ。

問3，問4

天球図（透明半球^{とうめいはんきゅう}）の問題が出てきたね。こちらも中学入試最頻出^{さいひんしゅつ}だ。

地球は地軸を中心に1日に1回，反時計回り（西から東）に自転しているので，太陽は地球のまわりを一日に1回，**東から西へと動いている**ように見えるよ。

このような太陽の見かけの運動を，**太陽の日周運動**というよ。

ということは……1時間に15°回る！ 1°回るのに4分！ などと，ぱぱぱっと出てくるようにしておくと，素早く計算できたりもするよ。訓練^{くんれん}してみてね！

天球図の問題，まずは，方角を考えよう。**太陽高度の一番高いところが南中**なので，その方角が南とわかる。それを問題の**図3**に書きこむと，右の〈**図7**〉のとおりだ。

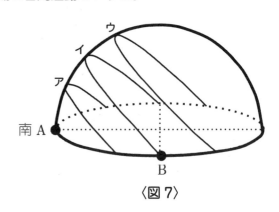

〈図7〉

1つ方角がわかれば，残りの3つの方角もわかるね。こちらも書きこむと，右の〈**図8**〉のとおりだ。

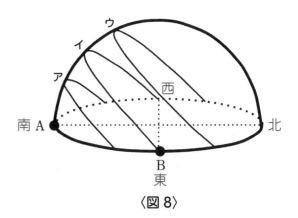

〈図8〉

方角がわかると，太陽の動きもわかる。太陽は東からのぼって西にしずむわけだからね！ 太陽の動きを表した線に矢印で書きこむと，右の〈**図9**〉のとおりだ。

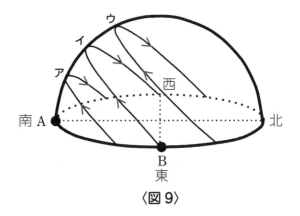

〈図9〉

さらにさらに！ 季節もわかるはず
だ。太陽の南中高度が最も高いのが**夏
至**（6月）となる。真東からのぼって
真西にしずむのが**春分**（3月），**秋分**（9
月）。太陽の南中高度が最も低いのが
冬至（12月）だね。こちらも書きこ
むと，右の〈図10〉のとおりだ。

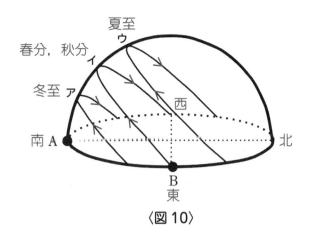

〈図10〉

よし，これですべての情報が整理できたね。

問3では，A，Bの方角を問われているので，A「南」，B「東」，**う**が答えだ。

問4では，夏至の太陽の動きを問われているので，**ウ**が答えだ。

ちなみに，天球図は星についても考えることがあるよ。これは，**第5講**の問題で出て
くるので，お楽しみに！

星についても，太陽と同じように考えるとうまくいくよ。

問5〜問7

　地面に垂直に立てた棒の，一日の影の動きをはかり，その影の先端どうしをむすんだ
線を**日影曲線**とよぶよ。太陽の南中高度は，次の〈図11〉のように**夏至＞春分・秋分
＞冬至**なので，**太陽が南中したときの影の長さは，夏至＜春分・秋分＜冬至となる。**

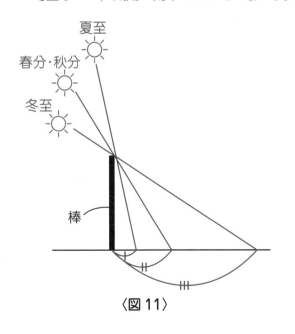

〈図11〉

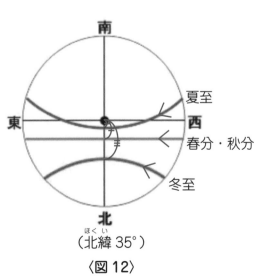

（北緯35°）

〈図12〉

太陽の反対側に影ができることから，方位を前ページの〈図12〉のように決定できる。春分・秋分，夏至，冬至においての日影曲線の，おおよその形をおさえておこう！

今回の問題では，東西の線を横切る曲線となるので，実験を行った季節は**夏**と考えられる。**問7**は**い**が答えだ。

①は南，②は西と方角がわかるので，**問5**は**え**が答えだ。

太陽が東側に位置する日の出のとき，影の先端は西側に位置するはずなので，**問6**は**Z**が答えだ。

ちなみに今回は北半球なので，日影曲線のおおよその形は〈図12〉のとおりだった。もし，オーストラリアのような**南半球**でのお話が出題されたら……

そうだ！ 太陽は東からのぼり，**北中**し，西にしずむように動き，**北半球の日本と季節も逆転する**ことから，右の〈図13〉のような日影曲線になるんだ。

こちらもまとめておさえておこう。

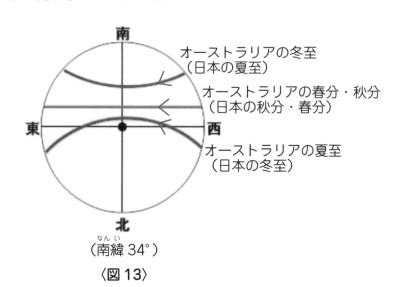

オーストラリアの冬至
（日本の夏至）

オーストラリアの春分・秋分
（日本の秋分・春分）

オーストラリアの夏至
（日本の冬至）

（南緯34°）

〈図13〉

問題1の答え

問1 あ　　問2 い　　問3 う　　問4 ウ　　問5 え　　問6 Z　　問7 い

さて，次は**月**に関する問題にチャレンジだ。**問題2**を見てみよう。

問題2　**月の満ち欠け**

　　図1は太陽と地球と月の位置関係を示したもので，3つの天体は常に同じ平面上にあるものとします。この図で地球は反時計回りに自転しているものとします。ある日，東京で，左半分が光っている月がちょうど真南に見えました。次の**問1**，**問2**に答えなさい。

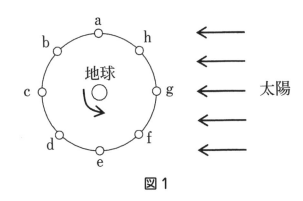

図1

問1　このときの月の位置として最も適当な場所を**図1**のa～hの中から1つ選び，記号で答えなさい。

問2　このときの時刻として最も近いものを次の**ア**～**エ**の中から1つ選び，記号で答えなさい。

ア　6時　　**イ**　12時　　**ウ**　18時　　**エ**　24時

〈2021年　開成中学校（改題）〉

問題 2 の解説

問 1，問 2

　問題の**図 1** は，地球を北極側の真上から見た図だ。つまり，次の〈**図 14**〉のように，地球の真ん中が北極となる。

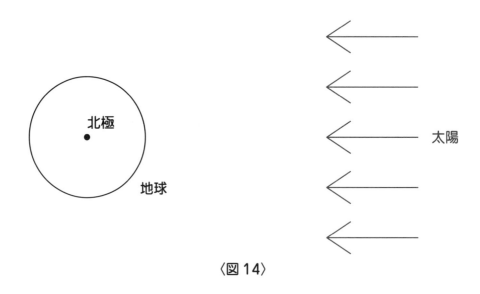

北極

地球

太陽

〈図 14〉

　次の〈**図 15**〉のように，地球上の 4 か所に，人を立たせてみる。

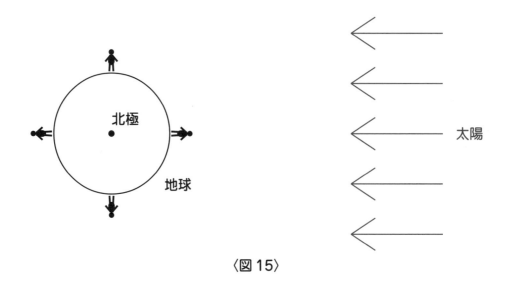

北極

地球

太陽

〈図 15〉

　これらの地球上の人から見て，北の方角はどこだろう？……そうだ！ **地球の真ん中が北極なのだから，その方角が北とわかる。**1 つ方角がわかれば，残りの 3 つの方角もわ

かるね。

　これらの地球上の人から見た方角を書きこむと，次の〈図16〉のとおりだ。

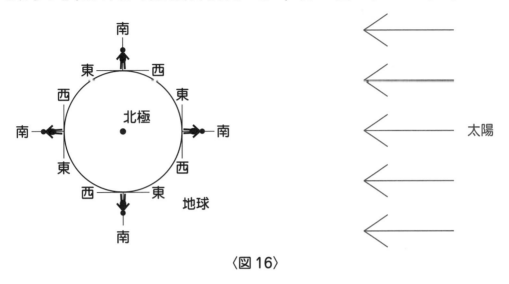

〈図16〉

　問題の**図1**において，太陽の光の方向を考えると，地球は右側が明るく照らされている。昼と夜の境目の線を書きこみ，地球の自転の方向が反時計回りであることを考慮すると，これらの地球上の人の時刻を決定することができる。それを書きこむと，次の〈図17〉のとおりだ。

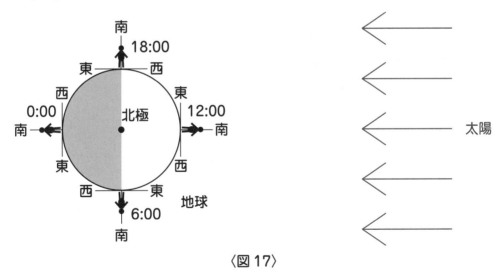

〈図17〉

　地球から月を見たとき，どのように月が見えるかを考えよう。問題の**図1**において，太陽の光の方向を考えると，地球と同様，月も右側が明るく照らされている。すべての月に，昼と夜の境目の線を書きこむと，次ページの〈図18〉のとおりだ。

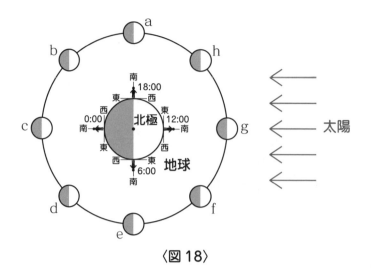

〈図18〉

　地球から月を見ると，以下の〈図19〉の⌣で囲んだ月の半面が見える。⌣で囲まれた部分のうちの光っている範囲により，月の見える形が決まる。その実際の月の見え方を書きこもう。

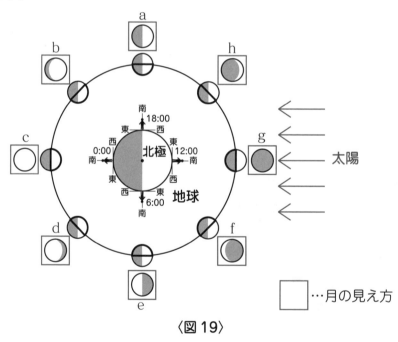

□…月の見え方

〈図19〉

　よし！ これで準備は完了だ。ここまでくれば，あとは自動的に解けてしまうよ。

　今回の問題では，「左半分が光っている月」，つまり下弦の月を見ているわけなので，**問1**は e が答えだ。

　また〈図19〉より，6：00の地球上の人の位置であれば，下弦の月が真南に見えることがわかる。よって，**問2**は**ア**が答えだ。

> 問題2の答え

問1　e　　問2　ア

さて，次は**月**に関する応用問題にチャレンジだ。**問題3**を見てみよう。

> 問題3　月の見え方

　ある日の夜9時に，東京で満月が**図1**のように見えました。**問1**，**問2**に答えなさい。

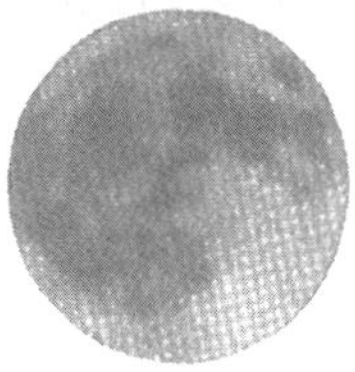

図1

問1　満月が見えた日より約1週間前の月は，夕方6時にはどのように見えるか。次の**ア～エ**の中から1つ選んで，記号で答えなさい。

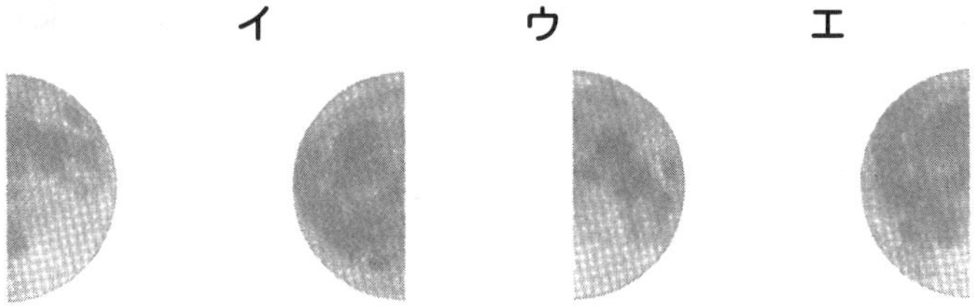

ア　　　　　　イ　　　　　　ウ　　　　　　エ

問2　「月は地球のまわりを1周する間に，1回自転する。」このことによりおこることを次の**ア～オ**の中から1つ選び，記号で答えなさい。

ア　月は満ち欠けをする。

イ　地球上のどこで見ても月はすべて同じ向き，同じ形に見える。

ウ　南半球で月を見ると逆さまに見える。

エ　月はいつも同じ面を地球に向けている。

オ　季節によって月の高さはちがって見える。

〈2021年　慶應義塾中等部（改題）〉

問1

　満月が見えた日より約 1 週間前の月なので，上弦の月について考えればよいね。この時点で選択肢は**ア**か**ウ**にしぼられる。

　ちなみに**イ**，**エ**は下弦の月だね。月は，**右側から満ちて，右側から欠けていく**ことをしっかりとおさえよう。

　問題 2 の解説の〈**図 19**〉を参考に考えると，上弦の月は 12：00 に東の空，18：00 に南中，0：00 に西の空に見えるので，今回は南中したときの上弦の月の模様を考える問いとわかる。

　問題の**図 1** は，21：00（夜 9 時）の満月のようすだ。先ほど同様，**問題 2 の解説**の〈**図 19**〉を参考に考えると，満月は 18：00 に東の空，0：00 に南中，6：00 に西の空に見えるので，**図 1** の月はあと 3 時間後に南中することになる。

　月の模様をうさぎさんに例えると，**図 1** 中のうさぎさんの耳は，右の〈**図 20**〉のような感じ。

　それでは，満月が南中するときの月の模様を，うさぎさんの耳の位置に注目しながら考えるとどうなるかな？

うさぎさんの耳

〈図 20〉

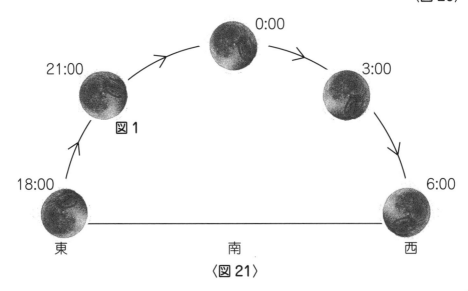

〈図 21〉

そうだ！前ページの〈図21〉のような月の模様とうさぎさんの耳の位置になりそうだ，と考えることができるよね。

南中時の月の見え方は月によってちがうけれど，月の模様自体は変わらないはずだから，上弦の月が南中するときは，満月が南中するときの模様の右半分のみ見えている状況だと考えればよい。これにあてはまるのは**ウ**，これが答えだ。

問2

月は地球のまわりを1周する間に，1回自転する……つまり，月の自転と公転の周期が一致（どちらも27.3日）していることで，おこることは何かを問う問題だ。これに気づけば，**エ**が答えであることははすぐ選べるはず。

それでは，残りの選択肢について考えていこう。

ア　月が公転し，太陽，地球，月の位置によって月が満ち欠けする。なので，月の自転は関係がない。×

イ　地球の自転によっておこる現象であり，月の自転や公転は関係しない。×

ウ　地球からの見方のちがいによっておこるお話なので，月の自転や公転は関係しない。×

オ　太陽の高さが高くなるとき，低くなるときを考える。問題1の解説の〈図6〉をもう一度見てほしい。**い**の位置は夏至なので，太陽は高く見えるはずだ。これをしっかりと意識して，満月について考えよう。太陽と同じように考えると……そうだ！冬至のとき，次の〈図22〉のように満月の高さは高くなるはずだ。

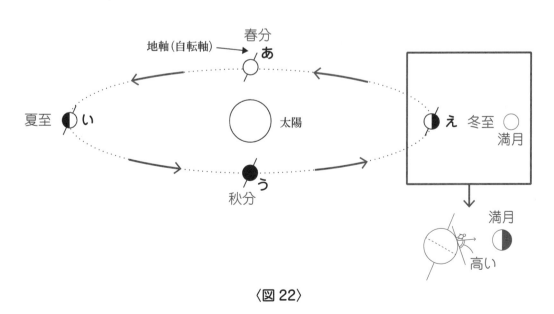

〈図22〉

逆に，夏至のとき，次の〈図23〉のように満月の高さは低くなるはずだ。

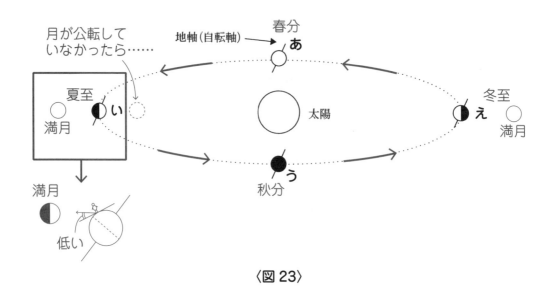

〈図23〉

　つまり，季節により月の高さが変わるのは，**地球が地軸を傾けながら太陽のまわりを公転し，月は地球のまわりを公転していることが影響している**といえる。月の自転は影響していない。×

問題3の答え

問1　ウ　　問2　エ

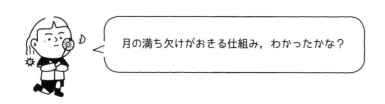

月の満ち欠けがおきる仕組み，わかったかな？

さて，最後は**内惑星，外惑星**に関する問題に挑戦だ。**問題4**を見てみよう。

問題4 内惑星，外惑星

①金星，地球，火星，木星などの星は②太陽を中心に楕円を描きながらまわっています。金星は，地球より内側をまわっているため，地球から見ると月と同じように満ち欠けをしているように見えます。**図1**は，ある日の太陽，金星，地球，火星の位置を表したものです。ただし，地球，金星，太陽をつないだ三角形の角aは90°よりも小さいものとします。また，**図1**は地球の北極のはるか上空から太陽系を見たものであるとします。**問1**〜**問5**に答えなさい。

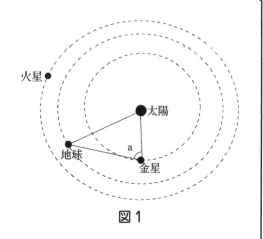

図1

問1 下線部①のような星をまとめて何といいますか。

問2 下線部②のような動きを何といいますか。

問3 地球より内側で下線部②のような動きをする金星以外の星の名称を漢字2字で答えなさい。

問4 地球と金星が**図1**のような位置にあるとき，八王子市から見た金星はどのような形に見えますか。次の**ア〜エ**より1つ選び，記号で答えなさい。ただし，大きさは考えないものとします。

ア **イ** **ウ** **エ**

※図は肉眼で見たときのようすで，斜線の部分は影とします。

問5　**図2**は地球の北極のはるか上空から太陽系を見たものです。火星は地球の外側をまわっています。火星は金星のように満ち欠けはしませんが，見かけの大きさは変わります。火星が「夕方，西の空に小さく」見えるのは，**図2**の地球の位置に対して，火星がどの位置にあるときですか。右の**図2**中の**ア～カ**より1つ選び，記号で答えなさい。

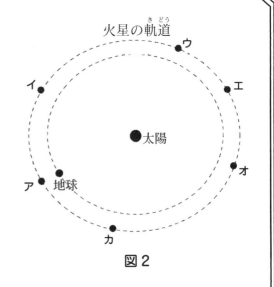

火星の軌道（きどう）

太陽

地球

図2

〈2021年　明治大学付属中野八王子中学校（改題）〉

問題4の解説

問1，問2

　金星，地球，火星，木星など，太陽系の惑星（わくせい）は，太陽のまわりを公転しているね。よって，**問1は惑星**，**問2は公転**が答えだ。

問3

　太陽の引力を受け，太陽のまわりを回っている星の集まりを**太陽系**といい，太陽系には太陽から近い順に，**水星，金星，地球，火星，木星，土星，天王星，海王星**の8つの惑星がある。よって，地球より内側の金星以外の星は**水星**，これが答えだ。

さらなる高みへ

　2006年まで太陽系の惑星とされていた冥王星（めいおうせい）は，現在は準惑星とされているよ。準惑星とは，太陽の周囲を公転し，自身の重力で球形を保ち，その天体の軌道から他の天体が排除（はいじょ）されていない天体だと定義されているよ。

問4

金星の見え方は，**問題2**で学んだ，月の見え方と同じように考えるとよい。太陽の光の方向を考え，金星の明るく照らされているところを問題の**図1**に白で書きこむと，次の〈図24〉のとおりだ。

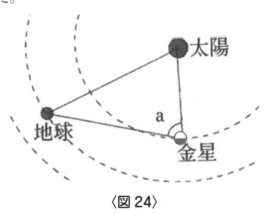

〈図24〉

地球から金星を見ると，以下の〈図25〉の $\big($ で囲んだ金星の半面が見える。 $\big|$ で囲まれた部分のうちの光っている範囲により，金星の見える形が決まる。

地球，金星，太陽をつないだ三角形の角 a は 90°よりも小さいことを考慮し，金星の真ん中が明るくなっていることも考えると，実際の金星の見え方は次の〈図25〉のとおりだ。

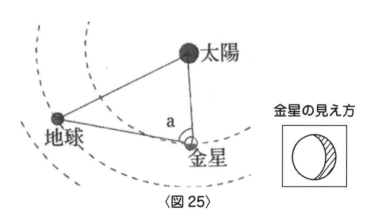

金星の見え方

〈図25〉

よって，**ウ**が答えだ。

問5

問4同様，火星の見え方も，**問題2**で学んだ，月の見え方と同じように考えるとよい。問題の**図2**において，太陽の光の方向を考え，地球の明るく照らされているところを書きこもう。

また，地球の自転の方向が反時計回りであることを考慮すると，地球上の人の時刻を決定することができる。

問5は夕方のお話なので，**夕方の地球上の人の位置**をふくめて書きこむと，次の〈図26〉のとおりだ。

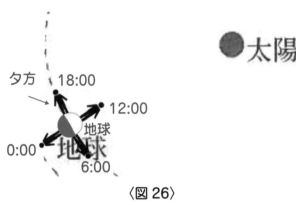

〈図26〉

地球上の人から見て，北の方角は地球の真ん中の北極の方向だった。1つ方角がわかれば，残りの3つの方角もわかるね。夕方の地球上の人から見た方角を**図2**に書きこむと，次の〈図27〉のとおりだ。

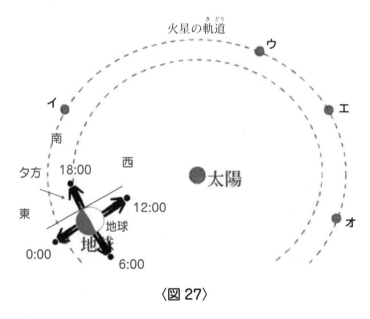

〈図27〉

むむ！？ **西の空**，とざっくりとらえると，**ウ**と**エ**で迷う人がいる。しかしよく見てほしい！ **エ**は太陽と火星が重なっているので，火星は見えないはずだね。**ウ**が答えだ。

問題4の答え

問1 惑星　　問2 公転　　問3 水星　　問4 ウ　　問5 ウ

星 座

コペルくん

本講では，**星座**について学びます。それでは**問題**を見てみよう。

問 題　**いろいろな星座，星の動き**

　図1は，2021年1月31日の20時の横浜で南の空に見える星座です。●は星座をつくる星を表し，○はそのうち1等星以上の明るさをもった星にA〜Gの記号をつけて表しています。これについて，**問1〜問5**に答えなさい。

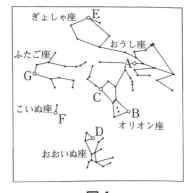

図1

問1　図1に，冬の大三角を線で結びなさい。

問2　冬の大三角をつくる星の中で，最も明るくかがやく星の名前を答えなさい。また，その星を**図1**のA〜Gから1つ選び，記号で答えなさい。

問3　下線部のとき，Bの星がちょうど真南にありました。このことから，この日の22時に見られる星空の説明として最も適切なものを次の**ア〜エ**から1つ選び，記号で答えなさい。

　ア　星Aは図中の星Bがあるあたりの位置に移動した。
　イ　星Cは図中の星Eがあるあたりの位置に移動した。
　ウ　星Eは図中の星Gがあるあたりの位置に移動した。
　エ　星Fは図中の星Cがあるあたりの位置に移動した。

問4　北極星を見上げたときの地表からの角度は，観測地点の北緯に等しいということがわかっています。例えば，横浜は北緯35.5°なので，北極星を見上げた角度は35.5°となります。そのため，横浜で夜の間に星空を観察すると，星は北極星を中心に**図2**のように動いて見えます。この

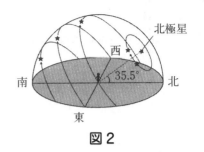

図2

ことを参考に，地球から観察できる約8600個の星をほぼ全て**観測できる場所**として正しいものを以下の**ア～エ**から1つ選び，記号で答えなさい。また，その場所での**星空の動きと北極星の位置**として正しいものを以下の**オ～ク**から1つ選び，記号で選びなさい。

観測できる場所

ア　北極点　　**イ**　南極点　　**ウ**　赤道上　　**エ**　横浜

上で選んだ場所での星空の動きと北極星の位置

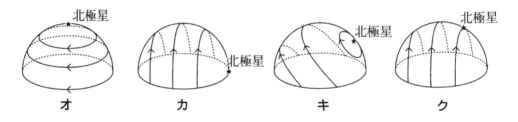

問5　星はその明るさによって分類することができ，3等星→2等星→1等星のように，明るい星ほど等級が小さくなります。また，1等星と6等星の明るさの違いを100倍としているため，1等星と2等星，2等星と3等星，というように1つの数値の違いによる明るさの違いを1等級とすると，1等級あたりの明るさの違いは約2.5倍となります。このとき，2等星と6等星の明るさの違いとして最も近いものを次ページの**明るさの違いのア～エ**から1つ選び，記号で答えなさい。また，1等星から6等星までの明るさをグラフにするとどのような形となりますか。最も近いものを次ページの**グラフの形のオ～ク**から1つ選び，記号で答えなさい。ただし，グラフは6等星の明るさを1としています。

明るさの違い

ア　約6.3倍　　イ　約16倍　　ウ　約40倍　　エ　約250倍

グラフの形

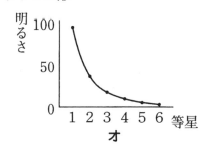
オ

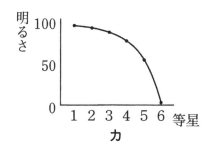
カ

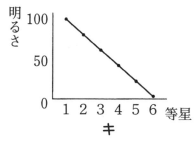
キ

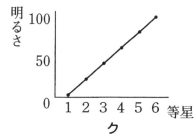
ク

〈2021年　神奈川学園中学校（改題）〉

知識の整理

天球図（透明半球）

第4講でお伝えしたとおり、天球図は太陽の動きだけでなく、星の動きを考えるときにもよく出題されるよ。

右の〈図1〉は、日本付近における空全体の星の動きを表したものだ。

どの星も、北極星を中心にして、東から西へ動いているのがわかるかな？ 北極星は地軸の延長線上にあるので、動かない星に見えるよ。

ちなみに、**北極星の高さはその場所の緯度**となる。日本のだいたいの緯度である北緯35°で考えた次の〈図2〉を見てもらえると、わかりやすいはずだ。

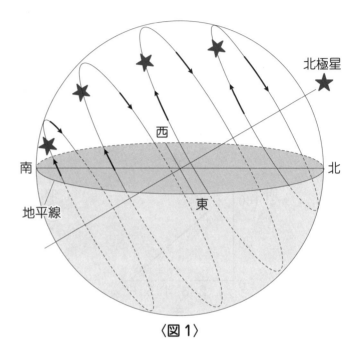

〈図1〉

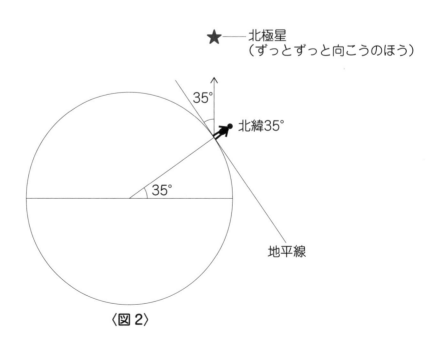

〈図2〉

では，日本以外の場所ではどんな星の動きに
なるのか考えてみよう。

緯度が変わると，北極星の高さが変わる。例
えば，**緯度 0° の赤道では，北極星の高度は 0°**
なので，北極星は北の地平線上にあるはずだ。
星は地平線から垂直にのぼってくることになる
ので，右の〈図3〉のような星の動きとなるよ。

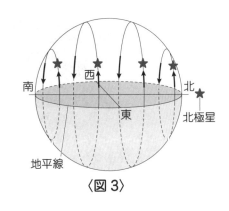

〈図3〉

北極は北緯 90°。このとき，北極星は頭の真
上にあることになる。**すべての星は地平線と平
行に動く**ので，右の〈図4〉のような星の動き
となるよ。

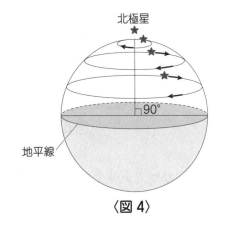

〈図4〉

南半球では，北極星は地平線の下にあるので
もはや見ることができないね。**星は北のほうに
のぼる**ことになり，右の〈図5〉のような星の
動きとなるよ。**東からのぼって西にしずむこと
は，北半球だろうが南半球だろうが同じである**
ことには注意してね！

地球の自転方向は変わらず，半時計回りだか
らね。

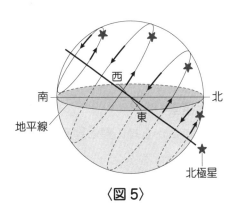

〈図5〉

さて，ここで観測者から見た星の動きを次ページの〈図6〉で考える。

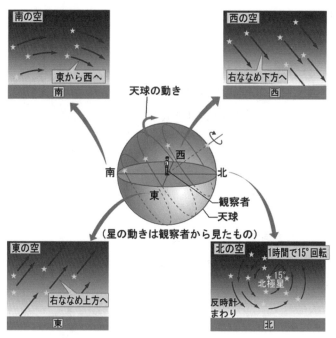

〈図6〉 天球と東西南北の空の星の動き

　星は一日かけて天球上を東から西へ一周する。この動きを**星の日周運動**というよ。これはもちろん，**地球の自転による**ものだね。

　さらに星には，**星の年周運動**というものがある。毎日同じ時間に見える星の位置は，一日に 360°÷365＝約1°，一か月で30°日周運動の向きにずれ，一年でまたもとの位置に見えるようになる，**地球の公転による見かけの運動**だ。

　よって，**星は日周運動と年周運動を合わせ，一日に361°回って見える**ことになる。

🌑 星と星座

　さてここからは，**星と星座**を具体的におさえていく。ちょっぴり覚えるところが多いかも！？

▶ 北の空の星，星座

　北極星を中心に半時計回りに回る北の空の星は，年中見えるものが多いけれど，その中でも**おおぐま座，こぐま座，カシオペヤ座**をおさえておくといいよ。おおぐまのしっぽにあたるところに**北斗七星**が，こぐま座に**北極星**がある。春には北斗七星が，秋にはカシオペヤ座が高い位置にくるよ。

　北極星の見つけ方として，次ページの〈図7〉のように北斗七星とカシオペヤ座から見つける方法がよく出題されるので，確実におさえてね！ちなみに北極星は黄色の**2等星**であることに注意！1等星ではないよ。

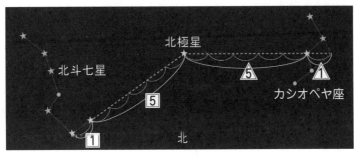

〈図7〉 北極星の位置

🔺 南の空の星，星座

日本では，南に見える星は季節により変わる。季節ごとに区別していこう！

春はうしかい座の**アークトゥルス**（だいだい色の1等星），**おとめ座のスピカ**（青白色の1等星），**しし座のレグルス**（青白色の1等星）をおさえよう。

ちなみに青白色の星といったら，スピカ，レグルスの他にあと1つ，後で出てくる**オリオン座のリゲル**をまとめてチェックしておこう！

🚀 **さらなる高みへ**

うしかい座のアークトゥルス，おとめ座のスピカ，しし座のデネボラ（白色の2等星）が大きな三角形をつくる，春の大三角なんてものもあるよ。

夏は，次の〈**図8**〉の**夏の大三角**が，"超"がつくほどの頻出！ 星座の形までよく問われるよ。

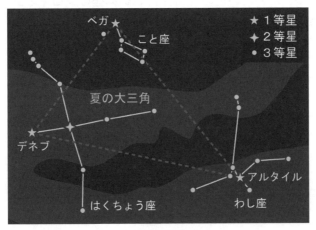

〈図8〉

はくちょう座のデネブ（白色の1等星），こと座のベガ（白色の1等星），わし座のアルタイル（白色の1等星）が，30°・60°・90°の三角定規のような形をつくるよ。

　ちなみに**南中するとき，デネブとベガは天頂付近を通る**こともおさえておいてね。

　もう1つ，南の空の低いところに見える，**さそり座**もおさえてほしい。1等星は，さそりの心臓のところ，**アンタレス**（赤色）だ。ちなみに赤色の星といったら，アンタレスの他に，後で出てくる**オリオン座のベテルギウス**をまとめてチェックしておこう！

　秋はあまり星座が出てこない。しいていうなら……アンドロメダ座，ペガスス座，カシオペヤ座をおさえればいいよ。

　冬は1等星がもりだくさんだ。まずは右の〈図9〉の**冬の大三角**が超頻出。

　オリオン座のベテルギウス（赤色の1等星），**こいぬ座のプロキオン**（黄色の1等星），**おおいぬ座のシリウス**（白色の1等星）が，正三角形に近い形をつくるよ。ちなみに，シリウスは**全天で最も明るい星**だ！

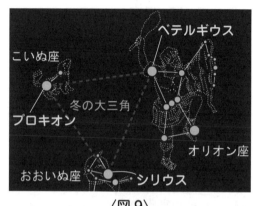

〈図9〉

　さらに，**冬のダイヤモンド**もチェック！

　おおいぬ座のシリウス（白色の1等星），**オリオン座のリゲル**（青白色の1等星），**おうし座のアルデバラン**（だいだい色の1等星），**ぎょしゃ座のカペラ**（黄色の1等星），**ふたご座のポルックス**（だいだい色の1等星），**こいぬ座のプロキオン**（黄色の1等星）が，次ページの〈図10〉のように**大きな六角形**をつくるよ。

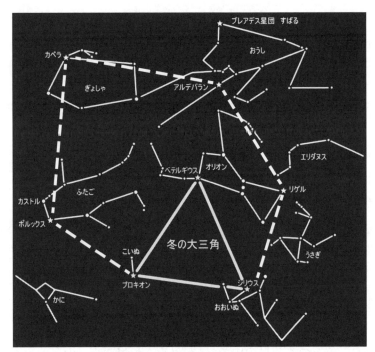

<図10> 冬のダイヤモンド

　冬の大三角には，オリオン座のベテルギウスが入るが，冬のダイヤモンドには，オリオン座のリゲルが入ることに注意しようね！

　さて，準備は整ったかな？ **問題**の解説に入ろう。

問題の解説

問1, 問2

図1は, <u>2021 年 1 月 31 日の 20 時の横浜</u>で南の空に見える星座です。●は星座をつくる星を表し, ○はそのうち 1 等星以上の明るさをもった星に A〜G の記号をつけて表しています。これについて, **問1〜問5** に答えなさい。

図1

ぎょしゃ座 E
おうし座
ふたご座
G A
こいぬ座 C B
F オリオン座
D
おおいぬ座

問1 **図1**に, 冬の大三角を線で結びなさい。

問2 冬の大三角をつくる星の中で, 最も明るくかがやく星の名前を答えなさい。
また, その星を**図1**の A〜G から 1 つ選び, 記号で答えなさい。

　冬の大三角は, まさに**知識の整理**で説明したとおり, **オリオン座のベテルギウス**, **こいぬ座のプロキオン**, **おおいぬ座のシリウス**が, 正三角形に近い形をつくるんだったね。
　問1の答えは, あとの**問題の答え**に示すよ。おおいぬ座のシリウスが全天で最も明るい星だと覚えていれば, **問2**の答えは**シリウス**で, **D** だとわかるね。

問3

　下線部のとき, B の星がちょうど真南にありました。このことから, この日の 22 時に見られる星空の説明として最も適切なものを次の**ア〜エ**から 1 つ選び, 記号で答えなさい。

ア　星 A は図中の星 B があるあたりの位置に移動した。
イ　星 C は図中の星 E があるあたりの位置に移動した。
ウ　星 E は図中の星 G があるあたりの位置に移動した。
エ　星 F は図中の星 C があるあたりの位置に移動した。

　南の空の星の動きは, 〈**図6**〉でお伝えしたとおり, **東から西へ**動いていくのだった。2 時間後の星の位置を考えればよいので, **エ**しか正解としてありえないね。

問4

　北極星を見上げたときの地表からの角度は，観測地点の北緯に等しいということがわかっています。例えば，横浜は北緯 35.5° なので，北極星を見上げた角度は 35.5° となります。そのため，横浜で夜の間に星空を観察すると，星は北極星を中心に**図2**のように動いて見えます。このことを参考に，地球から観察できる約 8600 個の星をほぼ全て**観測できる場所**として正しいものを以下の**ア〜エ**から1つ選び，記号で答えなさい。また，その場所での**星空の動きと北極星の位置**として正しいものを以下の**オ〜ク**から1つ選び，記号で選びなさい。

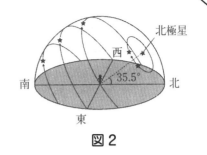

図2

観測できる場所

ア 北極点　　**イ** 南極点　　**ウ** 赤道上　　**エ** 横浜

上で選んだ場所での星空の動きと北極星の位置

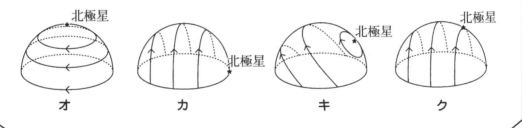

| オ | カ | キ | ク |

　まず，**星空の動きと北極星の位置**から見ていこう。

　オだと，地平線の下（図の下半分）に回っている星は見ることができない。同様に，**キ**でも地平線の下で見ることのできない星があるはずだ。よって，**オ**と**キ**は×。

　選択肢は**カ**，**ク**にしぼられたけれど，地軸の延長線上に北極星があり，**星は北極星を中心に東から西へ動いていく**わけだから，**ク**はありえない。よって，**星空の動きと北極星の位置**は**カ**が答えだ。

　また，**カ**では，北極星は北の地平線上，つまり北極星の高度は 0° であり，星が地平線から垂直にのぼってきているね。北極星の高さはその土地の緯度だから，**観測できる場所**は**ウ**「赤道上」だとわかる。

地球と宇宙

第 **5** 講　星座

問5

星はその明るさによって分類することができ，3等星→2等星→1等星のように，明るい星ほど等級が小さくなります。また，1等星と6等星の明るさの違いを100倍としているため，1等星と2等星，2等星と3等星，というように1つの数値の違いによる明るさの違いを1等級とすると，1等級あたりの明るさの違いは約2.5倍となります。このとき，2等星と6等星の明るさの違いとして最も近いものを次ページの**明るさの違いのア～エ**から1つ選び，記号で答えなさい。また，1等星から6等星までの明るさをグラフにするとどのような形となりますか。最も近いものを次ページの**グラフの形のオ～ク**から1つ選び，記号で答えなさい。ただし，グラフは6等星の明るさを1としています。

明るさの違い

ア 約6.3倍　**イ** 約16倍　**ウ** 約40倍　**エ** 約250倍

グラフの形

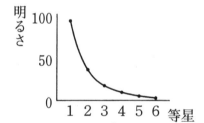

オ

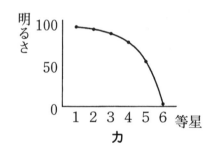

カ

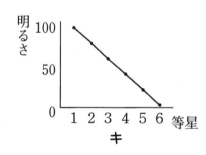

キ

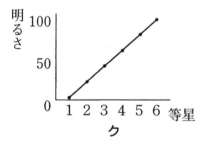

ク

1等星の明るさが100，6等星の明るさが1，これらはすべてのグラフが満たしているね。では2等星は……そうだ！ 文中の内容より，100 ÷ 2.5 = 40 の明るさだとわかる。よって，2等星と6等星の**明るさの違いはウ**が答えだ。**グラフの形**は，2等星の明るさが40を満たすものを探せばいいね。よって，**オ**が答えだ。

問題の答え

問1　右図

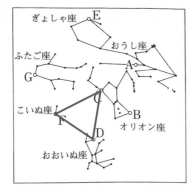

問2　（星の名前）**シリウス**，（**図1の記号**）**D**　　問3　**エ**

問4　（**観測できる場所**）**ウ**，（**星空の動きと北極星の位置**）**カ**

問5　（**明るさの違い**）**ウ**，（**グラフの形**）**オ**

　はーい，星座，いかがだったでしょうか。知識がたくさんの分野，よく復習してくだ
さいね。

コペルくん

流水と地層

本講では，**流水と地層**について学びます。それでは**問題1**を見てみよう。

問題1　流水のはたらき

川の水のはたらきについて，**問1**，**問2**に答えなさい。

図1は，富山県を流れる4つの川と関東地方を流れる利根川について，河口からのきょりと標高の関係を表しています。

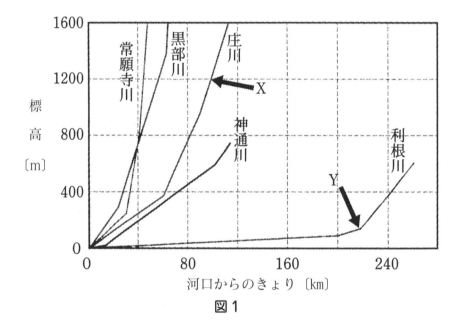

図1

問1　図1のX，Yの地点について，それぞれの場所にできると考えられる地形として最も適当なものを次の**ア～オ**の中からそれぞれ選び，記号で答えなさい。

ア　V字谷　　**イ**　海岸段丘　　**ウ**　カルデラ
エ　三角州　　**オ**　扇状地

問2　図1のX, Yの地点でみられる地形は，主に水の何というはたらきによってできましたか。次の**ア～ウ**の中からそれぞれ選び，記号で答えなさい。

ア　運ぱんとたい積　　**イ**　しん食とたい積　　**ウ**　しん食と運ぱん

〈2021年　鷗友学園女子中学校（改題）〉

知識の整理

流水の三作用

　流水には，**しん食作用**，**運ぱん作用**，**たい積作用**の３つのはたらきがある。どの作用がさかんになるかは，川の流速や水量，水の流れる場所の形が関わり合って影響するよ。一般に，**しん食作用は，流れの速さがはやいほど大きく**，**運ぱん作用は，流れの速さがはやいほど大きく**，**たい積作用は，流れの速さがおそいほど大きい**こと，おさえておこう！川の上流，中流，下流におけるしん食作用，運ぱん作用，たい積作用の三作用や川のようすは，次の〈**表1**〉のようになる。

〈表1〉

	上 流	中 流	下 流
しん食作用	大 ←		→ 小
運ぱん作用	大 ←		→ 小
たい積作用	小 →		→ 大
川岸のようす	がけが多い ←		→ 平野が広がる
川底のようす	深 い ←		→ 浅 い
川のはば	せまい ←		→ 広 い
川底のかたむき	急 ←		→ ゆるやか
流れの速さ	はやい ←		→ おそい
川底の石の形	角ばっているものが多い ←		→ まるいものが多い
水 量	少ない ←		→ 多 い

さて，準備は整ったかな？ **問題１**の解説に入ろう。

問題１の解説

問１，問２

図１のＸの地点は標高 1200 m 程度で，グラフの形から急流であることがわかる。**川の上流で，しん食作用や運ぱん作用が大きくはたらき**，以下の〈図１〉のＶ字谷のような深い谷ができると考えられる。

図１のＹの地点は標高 150 m 程度で，グラフの形から川の流れがゆるやかになっていることがわかる。**山地から平らな土地に流れ出た川の中流で，たい積作用が大きくはたらき，上流より運ばれてきた石や砂が扇形に積もる**，〈図２〉の扇状地（せんじょうち）のような地形ができると考えられる。

よって，**問１**は，Ｘの地点では**ア「Ｖ字谷」**，Ｙの地点では**オ「扇状地」**ができる，これらが答えだ。

〈図１〉Ｖ字谷

〈図２〉扇状地

ちなみに**イ「海岸段丘（だんきゅう）」**は，海岸に見られる階段状の地形のことで，土地の隆起（りゅうき）としん食がくりかえされることによりできる地形だ。

河岸に見られると，**河岸段丘（かがん）**というよ。次ページの〈図３〉で，海岸段丘，河岸段丘のでき方を確認しておこう。

海岸段丘

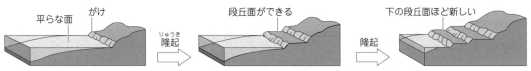

平らな面　がけ　　　　　段丘面ができる　　　　　下の段丘面ほど新しい

隆起　　　　　　　　隆起

波のしん食で，平らな面とがけができる

河岸段丘

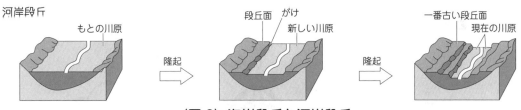

もとの川原　　　　　段丘面　がけ　　　　一番古い段丘面　現在の川原
　　　　　　　　　　　　新しい川原

隆起　　　　　　　　隆起

〈図3〉海岸段丘と河岸段丘

ウ「カルデラ」は，火山活動によってできる，〈図4〉のような陥没地形だ。

エ「三角州」は，川から海に出るところ，つまり川の下流で，川の流れが急にゆるやかになるためにたい積作用が大きくはたらくことでできる，〈図5〉のような地形だ。

〈図4〉カルデラ

〈図5〉三角州

　問2は，Xの地点ではウ「しん食と運ぱん」，Yの地点ではア「運ぱんとたい積」を選べばよいね。

問題1の答え

問1　X ア　Y オ　　問2　X ウ　Y ア

次に，**火山，地層や岩石**に関わる問題にチャレンジだ。**問題2**を見てみよう。

問題2 **火山，地層と岩石**

火山について，**問1〜問7**に答えなさい。

問1 **図1**は火山の形をa〜cの3つに分類し，模式的に表したものです。

a   b   c

 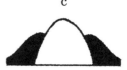

傾斜のゆるやかな火山   大きな円すい形の火山   傾斜の急な火山
図1

(1) 浅間山は，火山a〜cのどの形ですか。a〜cから1つ選んで，記号で答えなさい。

(2) マグマの性質と火山の形の関係について適切なものを，次の**ア〜エ**から1つ選んで，記号で答えなさい。

  ア ねばり気が強いマグマは，冷えて固まると黒っぽい岩石になり，傾斜の急な火山になりやすい。

  イ ねばり気が弱いマグマは，冷えて固まると黒っぽい岩石になり，傾斜のゆるやかな火山になりやすい。

  ウ ねばり気が強いマグマは，冷えて固まると白っぽい岩石になり，傾斜のゆるやかな火山になりやすい。

  エ ねばり気が弱いマグマは，冷えて固まると白っぽい岩石になり，傾斜の急な火山になりやすい。

問2 マグマが冷えて固まった岩石は，マグマがどのように冷えたかによって2種類に分類できます。この2種類の岩石をまとめて何といいますか。漢字で答えなさい。

問3　問2の岩石のうち1種類の断面を顕微鏡（けんびきょう）で観察しました。図2は，その
ようすを模式的（もしきてき）に示したもので，<u>肉眼で見えるくらいの鉱物がきっちりと
組み合わさっていました</u>。また表1は，一般的（いっぱん）に岩石にふくまれる鉱物と，
それらが図2の岩石にふくまれている体積の割合〔%〕を示したものです。

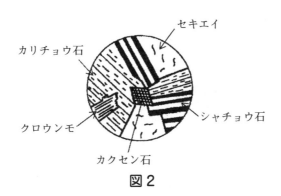

図2

表1

鉱　物		岩石にふくまれる体積の割合〔%〕
有色鉱物	キ石	0
	カンラン石	0
	カクセン石	2
	クロウンモ	5
無色鉱物	セキエイ	32
	シャチョウ石	21
	カリチョウ石	40

(1)　下線部のような岩石のつくりを何といいますか。漢字で答えなさい。

(2)　この岩石はどのようにしてできたと考えられますか。次のア〜エから
1つ選んで，記号で答えなさい。

　ア　マグマが地表付近で，急激に冷えてできた。

　イ　マグマが地表付近で，ゆっくりと冷えてできた。

ウ マグマが地下深くで，急激に冷えてできた。

エ マグマが地下深くで，ゆっくりと冷えてできた。

(3) **図3**は，岩石の種類と岩石を構成する有色鉱物と無色鉱物の体積の割合〔％〕を示したものです。これをもとにすると，**図2**の岩石は何であると考えられますか。岩石の名称を答えなさい。

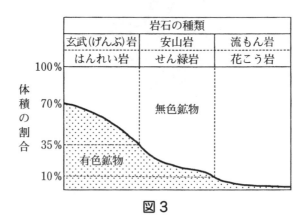

図3

火山が噴火すると，溶岩・軽石・火山灰などを噴出し，噴きあげられた火山灰は，風に運ばれ，広い範囲にたい積することがあります。**図4**はある地域の等高線を表した図で，A～Dの地点を結んだ図形は正方形であり，Bの地点から見たAの地点は真北の方角にあります。**図5**はA～Dの4地点でボーリング調査を行った結果をもとに作成したA，B，Dの地点の柱状図です。ただし，この地域では，断層や地層の曲がりは見られず，各地点で見られる火山灰の層は同一のものであるとします。

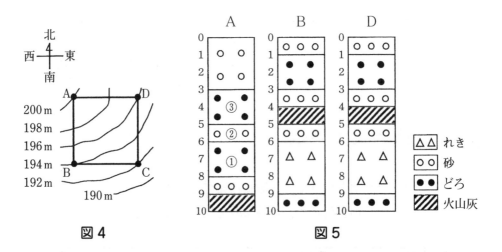

図4

図5

問4　Ａの地点で,**図5**の②の層からある化石が発見されました。その化石から,この地層ができた当時のＡの地点は暖かくて浅い海であったと推測できました。

(1)　発見された化石は何ですか。次の**ア～エ**から１つ選んで,記号で答えなさい。

　　ア　シジミ　　**イ**　ホタテガイ　　**ウ**　ナウマンゾウ　　**エ**　サンゴ

(2)　このように,地層がたい積した当時の環境<small>かんきょう</small>を知る手がかりとなる化石を何といいますか。漢字で答えなさい。

問5　**図5**の①～③の層がたい積する間,たい積場所の大地はどのように変化したと考えられますか。次の**ア～エ**から１つ選んで,記号で答えなさい。ただし,この間,海水面の高さは変わらなかったものとします。

ア　隆起<small>りゅうき</small>し続けた。　　　　　**イ**　沈降<small>ちんこう</small>し続けた。
ウ　隆起してから沈降した。　　**エ**　沈降してから隆起した。

問6　**図5**から,この地域の地層はある方角が低くなるように傾<small>かたむ</small>いていることがわかります。

(1)　東西方向について考えると,ＡとＤの地点ではどちらが何ｍ低くなっていますか。

(2)　南北方向について考えると,ＡとＢの地点ではどちらが何ｍ低くなっていますか。

(3)　(1)と(2)より,この地域の地層は,どの向きに低くなっていると考えられますか。次ページの**ア～シ**から１つ選んで,記号で答えなさい。

<table>
<tr><td>ア A→Bの向き</td><td>イ A→Cの向き</td><td>ウ A→Dの向き</td></tr>
<tr><td>エ B→Cの向き</td><td>オ B→Dの向き</td><td>カ C→Dの向き</td></tr>
<tr><td>キ B→Aの向き</td><td>ク C→Aの向き</td><td>ケ D→Aの向き</td></tr>
<tr><td>コ C→Bの向き</td><td>サ D→Bの向き</td><td>シ D→Cの向き</td></tr>
</table>

問7 Cの地点の火山灰の層は，地表から何mから何mの深さにありますか。

〈2021年 頌栄女子学院中学校（改題）〉

知識の整理

🪨 火山と噴火

日本は世界有数の火山国で，国土の広さに対して，多くの火山があるよ。火山地域の地下には岩石がどろどろに溶けた**マグマ**があり，溶岩や火山ガス，火山灰など火山砕せつ物がときおり地表に噴き出してくる。

🪨 火山の分類

火山は，マグマのねばり気のちがいなどによって形がちがってくるよ。ねばり気が強いと**溶岩円頂丘（溶岩ドーム）**とよばれるドーム形に，ねばり気が中間くらいだと**成層火山**とよばれる円すい形に，ねばり気が弱いと**たて状火山**とよばれるなだらかな形になるよ。

次の〈図6〉で火山の例とともにおさえよう！ ちなみに火山は，**マグマのねばり気が強いと爆発的に，マグマのねばり気が弱いとおだやかに噴火する**よ。

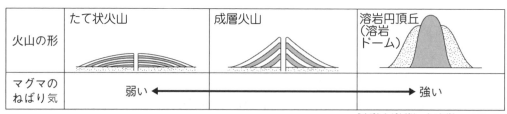

〈図6〉

🔩 火成岩

マグマが冷え固まってできた岩石を**火成岩**という。

火成岩は，マグマが地表や地表付近で急に固まった**火山岩**と，マグマが地下深くでゆっくり固まった**深成岩**に分類することができる。

火山岩　　　　　　深成岩

〈図7〉火山岩と深成岩

火山岩は**結晶が十分大きく成長しなかった部分がある斑状組織**となるけれど，深成岩は**一つひとつの結晶が大きく成長した等粒状組織**となる。上の〈図7〉で確認しよう。

火山岩，深成岩の色は，ふくまれる無色鉱物，有色鉱物の割合により異なるよ。

🔩 地層

小石（れき）や砂，ねん土（どろ）が積み重なっているしま模様を**地層**という。地層を調べると，当時どのような大地の変動があったかを知ることができるよ。

例えば，小石→砂→ねん土のようにつぶの大きさが小さくなるよう変化すれば，**土地が沈降した**ことが推測できるし，ねん土→砂→小石のようにつぶの大きさが大きくなるよう変化すれば，**土地が隆起した**ことが推測できる。

むむむ……という人は，次の〈図8〉を参考にするとわかりやすいよ！

小石	砂	ねん土
大きい ◀──	つぶの大きさ ──▶	小さい
近い ◀──	河口からのきょり ──▶	遠い

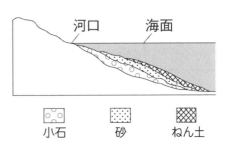

〈図8〉

たい積岩

地層をつくる押しかためられた岩石をたい積岩という。たい積岩を，**つぶの大きさ**で分類すると，次の〈表2〉のようになる。

〈表2〉

	れき岩	砂岩	でい岩
表面の拡大図	2mm	2mm	2mm
粒の直径	2 mm 以上	2 〜 0.06 mm	0.06 mm 以下
でき方	小石が砂やねん土といっしょに固まる	砂が固まる	ねん土が固まる

また，たい積岩を，**ふくまれる成分**で分類すると，次の〈表3〉のようになる。

〈表3〉

	石灰岩	チャート	ぎょう灰岩
でき方	貝がらや骨など生物の石灰分や，水に溶けた石灰分が固まる	ホウサンチュウなどケイ酸をふくむ生物がたい積して固まる	火山灰や軽石などが固まる

化石

生物の死がいや巣などの生活のあとが，地層や岩石の中に残されたものを化石という。**地層がたい積した当時の環境を知る手がかりとなる化石**を示相化石といい，次のようなものがよく中学入試に出題される。

【例】サンゴ … 暖かくて浅い海　　アサリ・ハマグリ … 浅い海
シジミ … 河口や湖など汽水域　　ホタテガイ … 冷たい海

また，**地層がたい積した年代を知る手がかりとなる化石を示準化石**といい，次のようなものがよく中学入試に出題される。

【例】フズリナ・サンヨウチュウ … 古生代　　アンモナイト・キョウリュウ … 中生代
ビカリア・ナウマンゾウ・マンモス … 新生代

さて，準備は整ったかな？ **問題2**の解説に入ろう。

問題2の解説

問1

> 図1は火山の形を a〜c の3つに分類し，模式的に表したものです。
>
> a　　　　　　　　　b　　　　　　　　　c
>
>
>
>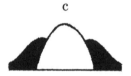
>
> 傾斜のゆるやかな火山　　大きな円すい形の火山　　傾斜の急な火山
> _{けいしゃ}
>
> 図1
>
> (1)　浅間山は，火山 a〜c のどの形ですか。a〜c から1つ選んで，記号で答えなさい。
>
> (2)　マグマの性質と火山の形の関係について適切なものを，次の**ア〜エ**から1つ選んで，記号で答えなさい。
>
> **ア**　ねばり気が強いマグマは，冷えて固まると黒っぽい岩石になり，傾斜の急な火山になりやすい。
> **イ**　ねばり気が弱いマグマは，冷えて固まると黒っぽい岩石になり，傾斜のゆるやかな火山になりやすい。
> **ウ**　ねばり気が強いマグマは，冷えて固まると白っぽい岩石になり，傾斜のゆるやかな火山になりやすい。
> **エ**　ねばり気が弱いマグマは，冷えて固まると白っぽい岩石になり，傾斜の急な火山になりやすい。

(1)　**知識の整理**の〈**図6**〉を参考にしてみてね。浅間山は**b**の形の火山だ。

(2)　こちらも**知識の整理**をチェック！ ねばり気が強いマグマは，白っぽい岩石となり，傾斜の急な火山になりやすい。それに対して，ねばり気が弱いマグマは，黒っぽい岩石となり，傾斜のゆるやかな火山になりやすい。よって**イ**が答えだ。

さらなる高みへ

関西地方の岩石は白っぽく，関東地方の岩石は黒っぽいものが多い。関西地方には白っぽい花こう岩（御影石）が多く，関東地方には関東ローム層があるからね。うどんのつゆの色と同じ！ とイメージするとおもしろいよ。

問2

　マグマが冷えて固まった岩石は，マグマがどのように冷えたかによって2種類に分類できます。この2種類の岩石をまとめて何といいますか。漢字で答えなさい。

火山岩と深成岩をまとめて**火成岩**とよぶんだったね。これが答えだ。

問3

　問2の岩石のうち1種類の断面を顕微鏡で観察しました。**図2**は，そのようすを模式的に示したもので，<u>肉眼で見えるくらいの鉱物がきっちりと組み合わさっていました</u>。また**表1**は，一般的に岩石にふくまれる鉱物と，それらが**図2**の岩石にふくまれている体積の割合〔％〕を示したものです。

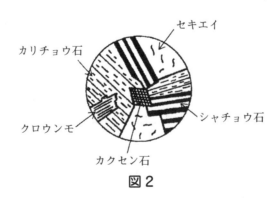

図2

表1

鉱　物		岩石にふくまれる体積の割合〔%〕
有色鉱物	キ石	0
	カンラン石	0
	カクセン石	2
	クロウンモ	5
無色鉱物	セキエイ	32
	シャチョウ石	21
	カリチョウ石	40

(1)　下線部のような岩石のつくりを何といいますか。漢字で答えなさい。

(2)　この岩石はどのようにしてできたと考えられますか。次の**ア～エ**から 1 つ選んで，記号で答えなさい。

　ア　マグマが地表付近で，急激に冷えてできた。

　イ　マグマが地表付近で，ゆっくりと冷えてできた。

　ウ　マグマが地下深くで，急激に冷えてできた。

　エ　マグマが地下深くで，ゆっくりと冷えてできた。

(3)　**図3**は，岩石の種類と岩石を構成する有色鉱物と無色鉱物の体積の割合〔%〕を示したものです。これをもとにすると，**図2**の岩石は何であると考えられますか。岩石の名称を答えなさい。

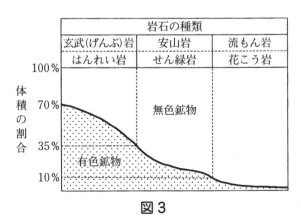

図3

(1) 　図2はまさに深成岩だね。一つひとつの結晶が大きく成長した**等粒状組織**となっている。これが答えだ。

(2) 　深成岩のでき方を選べばよいね。マグマが地下深くでゆっくり固まってできた岩石なので，**エ**が答えだ。

(3) 　"しんかんせんはかりあげ"と覚えると便利だ！ 深成岩には，**花こう岩**，**せん緑岩**，**はんれい岩**，火山岩には，**流もん岩**，**安山岩**，**玄武岩**があることを，さらりと判断できるよ。**表1**より，無色鉱物の割合が32＋21＋40＝93％とわかるので，**図3**より，**無色鉱物の割合の多い深成岩**を選べばよい。よって，**花こう岩**が答えだ。

問4

　火山が噴火すると，溶岩・軽石・火山灰などを噴出し，噴きあげられた火山灰は，風に運ばれ，広い範囲にたい積することがあります。**図4**はある地域の等高線を表した図で，A～Dの地点を結んだ図形は正方形であり，Bの地点から見たAの地点は真北の方角にあります。**図5**はA～Dの4地点でボーリング調査を行った結果をもとに作成したA，B，Dの地点の柱状図です。ただし，この地域では，断層や地層の曲がりは見られず，各地点で見られる火山灰の層は同一のものであるとします。

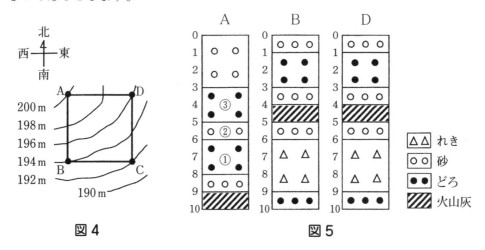

図4　　　　　　　　　　図5

　Aの地点で，**図5**の②の層からある化石が発見されました。その化石から，この地層ができた当時のAの地点は暖かくて浅い海であったと推測できました。

(1) 　発見された化石は何ですか。次の**ア～エ**から1つ選んで，記号で答えなさい。

ア　シジミ　　イ　ホタテガイ　　ウ　ナウマンゾウ　　エ　サンゴ

(2)　このように，地層がたい積した当時の環境（かんきょう）を知る手がかりとなる化石を
　　　何といいますか。漢字で答えなさい。

(1)　Aの地点は当時暖かくて浅い海だったので，エ「**サンゴ**」が答えだ。
(2)　地層がたい積した当時の環境を知る手がかりとなる化石を**示相化石**（しそうかせき）というんだった
　　ね。これが答えだ。

問5

図**5**の①〜③の層がたい積する間，たい積場所の大地はどのように変化した
と考えられますか。次の**ア〜エ**から1つ選んで，記号で答えなさい。ただし，
この間，海水面の高さは変わらなかったものとします。

ア　隆起（りゅうき）し続けた。　　　　　イ　沈降（ちんこう）し続けた。
ウ　隆起してから沈降した。　　　エ　沈降してから隆起した。

どろ→砂→どろと，つぶの大きさが大きくなって小さくなっているので，この土地は
隆起した後に沈降したと考えられる。よって，**ウ**が答えだ。

問6

図**5**から，この地域の地層はある方角が低くなるように傾（かたむ）いていることがわ
かります。

(1)　東西方向について考えると，AとDの地点ではどちらが何m低くなっ
　　　ていますか。

(2)　南北方向について考えると，AとBの地点ではどちらが何m低くなっ
　　　ていますか。

(3)　(1)と(2)より，この地域の地層は，どの向きに低くなっていると考えら
　　　れますか。次ページの**ア〜シ**から1つ選んで，記号で答えなさい。

ア	A→Bの向き	イ	A→Cの向き	ウ	A→Dの向き
エ	B→Cの向き	オ	B→Dの向き	カ	C→Dの向き
キ	B→Aの向き	ク	C→Aの向き	ケ	D→Aの向き
コ	C→Bの向き	サ	D→Bの向き	シ	D→Cの向き

　さて，**柱状図**を見ていこう。　柱状図とは，露頭以外の地中にある地層は見ることができないので，地層のようすがわかるように，ボーリング調査により地面を円筒状にくりぬいて取り出し，地層の重なり方を柱状に表した図だよ。ボーリング調査では露頭からの位置しかわからないので，今回のような標高の異なる地点を評価するとき，標高をそろえた図に書きかえて考えるとわかりやすいよ。

　図5を，A，B，Dの地点の標高をそろえて書きなおすと，次の〈**図9**〉のようになる。

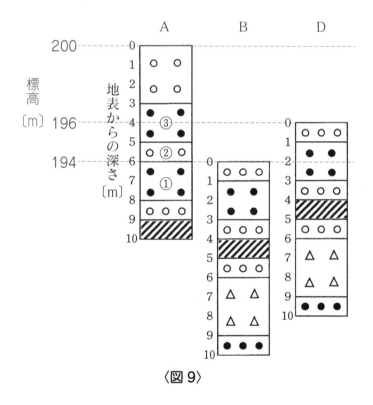

〈図9〉

(1)　上の〈**図9**〉でAとDの地点を比較するといいね。よって，東西方向の傾きについて考えると，**Aの地点が1m低い**。

(2)　(1)同様，〈**図9**〉でAとBの地点を比較するといいね。よって，南北方向の傾きについて考えると，**Bの地点が1m低い**。

(3)　(1)，(2)より，**D→Bの向き**に低くなっていることがわかる。よって，**サ**が答えだ。

問7

> Cの地点の火山灰の層は，地表から何mから何mの深さにありますか。

　問6の答えをふまえて，Cの地点はBの地点より1m高くなっている，またはDの地点より1m低くなっていると考えればよい。Cの地点の図を先ほどの図に書きたすと，次の〈図10〉のようになる。

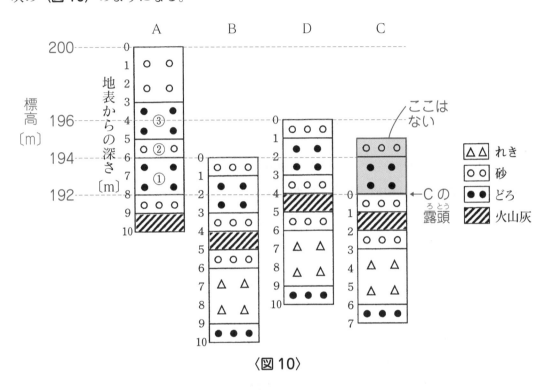

〈図10〉

　Cの地点の標高が192mであることに注意して火山灰の層を読みとると，地表から1mから2mの深さにあることがわかる。これが答えだ。

　問題2の答え

問1　(1)　b　(2)　イ　　問2　火成岩
問3　(1)　等粒状組織　(2)　エ　(3)　花こう岩　　問4　(1)　エ　(2)　示相化石
問5　ウ　　問6　(1)　Aの地点が1m低い　(2)　Bの地点が1m低い　(3)　サ
問7　1mから2mの深さ

最後に，地震の問題にチャレンジだ。**問題3**を見てみよう。

問題3　地　震

地震に関する次の文章を読み，**問1**～**問5**に答えなさい。

　日本は地震大国とよばれるように地震が多く発生しています。これまでにも日本では大きな地震が発生し，被害も多く出ました。被害を少なくするために2007年より緊急地震速報の本格的な運用がはじまりました。ここでは，緊急地震速報の仕組みについて学びましょう。

問1　地震について，正しい文を次の**ア**～**エ**からすべて選び，記号で答えなさい。

　　ア　地震のゆれの強さを表すのが震度である。
　　イ　地震のゆれの強さを表すのがマグニチュードである。
　　ウ　震度は0〜7までの10段階に分かれている。
　　エ　マグニチュードは0〜7までの10段階に分かれている。

問2　海底での地震の発生により，海水が上下にゆさぶられることにより発生するものを何といいますか。

問3　地震のゆれは波として震源を中心に周囲へと伝わっていきます。ここでは地面付近が震源であるとします。**図1**のように震源から伝わる波の様子を上空から見た図で考えます。方眼の1マスは10kmとします。震源から秒速5kmの波が伝わったとき，4秒後に波の先端はどこまで届きますか。それを表した図として正しいものを次ページの**ア**～**エ**から1つ選び，記号で答えなさい。

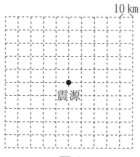

10 km

震源

図1

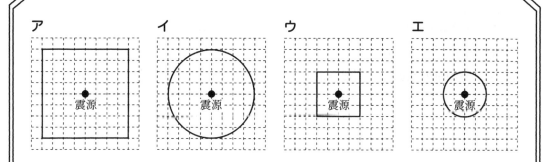

問4 地震では大きく2つの波があり，最初に到達する波をP波，後から到達する波をS波といいます。P波が届くまでの時間とS波が届くまでの時間の差を初期微動継続時間といいます。**図2**は，ある地震のP波とS波が届くまでの時間と震源からのきょりの関係を表したグラフです。これについて，(1)～(3)に答えなさい。

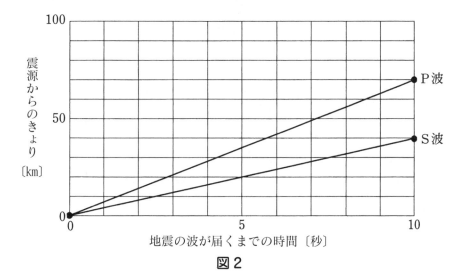

図2

(1) P波の速さは秒速何kmですか。

(2) 震源から40kmはなれた地点での初期微動継続時間は何秒ですか。
小数第2位を四捨五入して小数第1位まで答えなさい。

(3) 初期微動継続時間が6秒となるのは震源から何kmのところですか。

緊急地震速報はP波とS波の速さに差があることを利用して，大きなゆれが届く前に警報を出す仕組みになっています。具体的には図3のように，震源から近い2か所の地震計で観測されたデータが使われ，震源から2番目に近いデータを受信した後に緊急地震速報を出すことになっています。ただし，通信にかかる時間などもあるので，震源に近い場所では，警報が間に合わないこともあります。

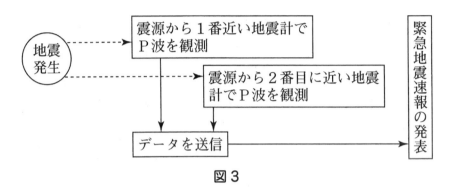

図3

問5　図2の地震は地表付近が震源だったとします。図4は震源付近を上空から見たときの様子で，●は震源，■は地震計が設置されている場所を示しており，方眼の1マスは7kmとします。また，どの場所でもP波を観測してから緊急地震速報の発表までに1秒かかるものとします。

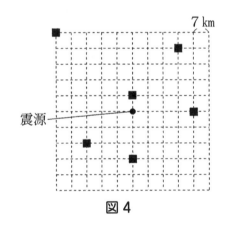

図4

(1)　緊急地震速報は地震が発生してから何秒後に発表されますか。図2のグラフの値を使って求めなさい。

(2)　緊急地震速報の発表時に，すでにP波が到達しているところは図4のどの範囲ですか。その部分を図4でぬりつぶしなさい。

〈2021年　品川女子学院中等部（改題）〉

地震

地震とは，**大地が動いたときに起こるゆれ**のこと。僕も 2018 年 6 月に，震度 6 弱の大きな地震を経験したよ。地震には火山の活動と関係するものや，海底のかたい岩盤であるプレートの動きと関係するものなどがある。

日本付近には，次の〈図 11〉に示すような 4 つのプレートの境界があり，日本は世界有数の地震大国となっているよ。プレート境界型地震がおこりやすいんだ。

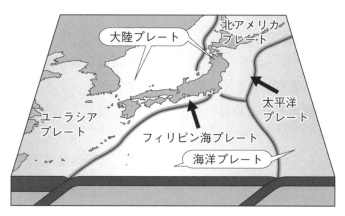

大陸プレート
北アメリカプレート
太平洋プレート
ユーラシアプレート
フィリピン海プレート
海洋プレート

〈図 11〉

さらなる高みへ

プレート境界型地震について，少しだけ詳しく学んでみよう。プレートが動いている（海洋プレートが大陸プレートを押しながら下に沈みこみ，引きずりこむようにして動いている）ことで，プレートどうしがぶつかり合い，地下にひずみが生じる。そのひずみが限界をこえると，岩盤の一部がこわれたりもとにもどろうとしたりして地震がおこる。このような流れでおこる地震をプレート境界型地震とよぶよ。

震源と震央

地震がおこったとき，**地震が発生した場所を震源**という。地震の振動は波となって同心円状に伝わっていくよ。

震央は震源の真上の地表の地点を指すよ。右の〈図 12〉で，震源と震央をしっかり区別してね。

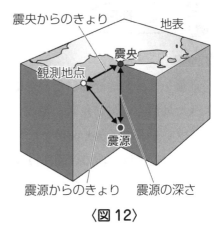

〈図 12〉

P波とS波

地震が発生すると同時に，速さのちがう**P波**と**S波**の２つの波が発生する。縦波であるP波のほうが伝わる速度がはやく，P波により初期微動（小さくこきざみなゆれ）がおこる。その後，横波であるため遅いS波が伝わり，S波により主要動（大きなゆれ）がおこる。

P波が到達してからS波が到達するまでの時間を，**初期微動継続時間**というよ。ちなみに，P波は固体，液体に伝わるが，S波は固体のみ伝わるよ。

震度とマグニチュード

地震の大きさは，**震度**や**マグニチュード**で表される。なんとも混同されやすいワードたちだ！

震度は観測地点での地震のゆれの強さを表し，**震度０から７までの10段階**ある。

それだと8段階なのではないですか？

震度５には震度５強と５弱が，震度６には震度６強と６弱があることをお忘れなく。

それに対し，**マグニチュードは，震源で地震が放出したエネルギーの大きさ**であり，**地震そのものの規模を表す**んだ。震度は観測地点により変化するけれど，マグニチュードは１つの地震に対し１つの値しかないね。

さて，準備は整ったかな？ **問題３**の解説に入ろう。

問題 3 の解説

問 1

地震について，正しい文を次の**ア～エ**からすべて選び，記号で答えなさい。

ア　地震のゆれの強さを表すのが震度である。
イ　地震のゆれの強さを表すのがマグニチュードである。
ウ　震度は 0 ～ 7 までの 10 段階に分かれている。
エ　マグニチュードは 0 ～ 7 までの 10 段階に分かれている。

一つひとつの選択肢を確認していこう。
ア　震度は観測地点での地震のゆれの強さを表すんだったね。○
イ　マグニチュードは地震そのものの規模を表すんだったね。×
ウ　震度は 0 から 7 までの 10 段階に分かれているんだったね。○
エ　マグニチュードは段階的な値ではないね。×
よって，**ア**，**ウ**が答えだ。

問 2

海底での地震の発生により，海水が上下にゆさぶられることにより発生するものを何といいますか。

震源が海底での地震では，大陸プレートのはねかえりにより海面がもち上がり，津波を引きおこすことがある。**津波**が答えだ。

問 3

地震のゆれは波として震源を中心に周囲へと伝わっていきます。ここでは地面付近が震源であるとします。**図 1** のように震源から伝わる波の様子を上空から見た図で考えます。方眼の 1 マスは 10 km とします。震源から秒速 5 km の波が伝わったとき，4 秒後に波の先端はどこまで届きますか。それを表した図として正しいものを次ページの**ア～エ**から 1 つ選び，記号で答えなさい。

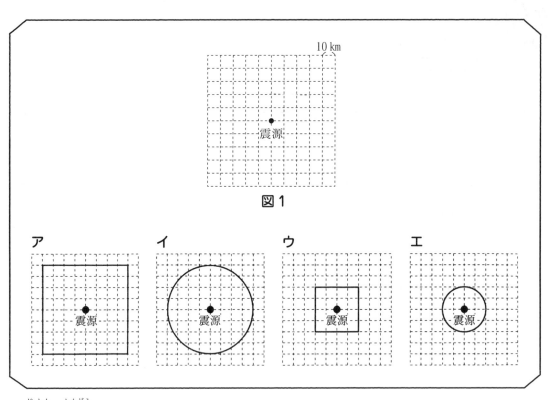

図1

地震の振動は，**震源から同心円状に伝わっていく**よ。秒速 5 km の波は 4 秒間で 5 ×
4 ＝ 20 km 進むので，**エ**が答えだ。

問4

　地震では大きく 2 つの波があり，最初に到達する波を P 波，後から到達する
波を S 波といいます。P 波が届くまでの時間と S 波が届くまでの時間の差を初
期微動継続時間といいます。図2 は，ある地震の P 波と S 波が届くまでの時間
と震源からのきょりの関係を表したグラフです。これについて，(1)～(3)に答
えなさい。

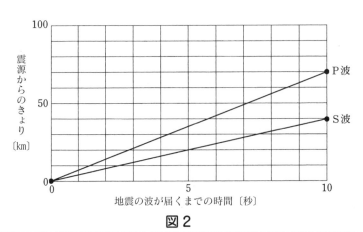

図2

(1)　P波の速さは秒速何 km ですか。

(2)　震源（しんげん）から 40 km はなれた地点での初期微動継続時間（び どうけいぞく）は何秒ですか。小数第 2 位を四捨五入して小数第 1 位まで答えなさい。

(3)　初期微動継続時間が 6 秒となるのは震源から何 km のところですか。

(1)　**図2** のグラフより，P 波の直線の傾き（かたむ）を読みとる問題だね。P 波は 10 秒間で 70 km 進むので，

$$70 \div 10 = 7$$

よって，**秒速 7 km**，これが答えだ。

(2)　(1)同様，**図2** のグラフより，S 波の直線の傾きを読みとってみる。S 波は 10 秒間で 40 km 進むので，

$$40 \div 10 = 4$$

よって，**秒速 4 km** とわかる。

　P 波が到着してから S 波が到着するまでの時間が初期微動継続時間なので，震源から 40 km はなれた地点における初期微動継続時間は，

$$40 \div 4 - 40 \div 7 = 10 - \frac{40}{7} = \frac{30}{7} = 4.28 \text{ 秒}$$

小数第 2 位を四捨五入すると **4.3 秒**，これが答えだ。

(3)　(2)同様に計算をすればよいね。

$$\square \div 4 - \square \div 7 = 6$$

$$\frac{\square}{4} - \frac{\square}{7} = 6$$

$$\frac{3 \times \square}{28} = 6$$

$$\therefore \square = 56 \text{ km}$$

震源から **56 km** のところ，これが答えだ。

〈(3) の別解〉

　震源からのきょりと初期微動継続時間は比例するので，(2)より，

$$40 : \frac{30}{7} = \square : 6$$

$$\therefore \square = 40 \times 6 \div \frac{30}{7} = 56 \text{ km}$$

もわかりやすいね！

問5

緊急地震速報はP波とS波の速さに差があることを利用して，大きなゆれが届く前に警報を出す仕組みになっています。具体的には**図3**のように，震源から近い2か所の地震計で観測されたデータが使われ，震源から2番目に近いデータを受信した後に緊急地震速報を出すことになっています。ただし，通信にかかる時間などもあるので，震源に近い場所では，警報が間に合わないこともあります。

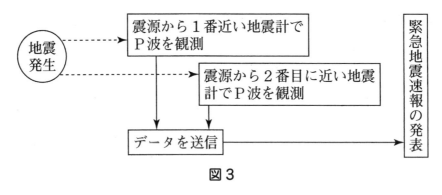

図3

　図2の地震は地表付近が震源だったとします。**図4**は震源付近を上空から見たときの様子で，●は震源，■は地震計が設置されている場所を示しており，方眼の1マスは7kmとします。また，どの場所でもP波を観測してから緊急地震速報の発表までに1秒かかるものとします。

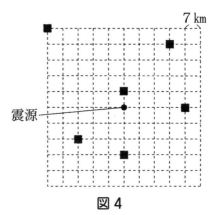

図4

(1)　緊急地震速報は地震が発生してから何秒後に発表されますか。**図2**のグラフの値を使って求めなさい。

(2)　緊急地震速報の発表時に，すでにP波が到達しているところは**図4**のどの範囲ですか。その部分を**図4**でぬりつぶしなさい。

(1) 緊急地震速報のお話だ。震源から1番近い地震計と，震源から2番目に近い地震計は，右の〈図13〉のようになる。

　　震源から2番目に近い地震計にP波が伝わるのは，**問4**の(1)よりP波は秒速7kmなので，
　　　21：7＝3秒後
　　P波を観測してから緊急地震速報の発表までに1秒かかるので，
　　　3＋1＝4秒後
　　よって，地震が発生してから**4秒後**に緊急地震速報が発表される，これが答えだ。

(2) 秒速7kmのP波は4秒間で7×4＝28km進む。地震の振動は震源から同心円状に伝わっていくので，震源を中心として，半径28kmの円を描き，ぬりつぶせばよいね！

震源から1番近い地震計

7km

震源

震源から2番目に近い地震計

〈図13〉

地球と宇宙

第**6**講　流水と地層

問題3の答え

問1　ア，ウ　　問2　津波　　問3　エ
問4　(1)　秒速7km　　(2)　4.3秒　　(3)　56km
問5　(1)　4秒後　　(2)

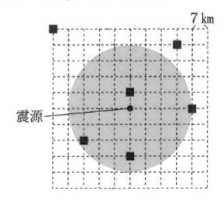

7km

震源

知識も思考もたくさんの分野，よく復習してくださいね。

本講では，**生物と環境**について学びます。それでは**問題**を見てみよう。

| 問 題 | 環境問題，食物連鎖（れんさ） |

　2020 年 7 月 1 日，レジ袋（ぶくろ）の有料化がスタートしました。レジ袋の製造や使用に関する次の文を読み，**問 1 〜問 5** に答えなさい。

　レジ袋の多くは，ポリエチレン製であり，ポリ袋ともいいます。ポリエチレン PE は あ のなかまで， あ は他にも い に使われるポリエチレンテレフタラート PET や， う に使われるポリプロピレン PP などがあります。PE や PP はよく燃える性質なので可燃ゴミとして出せる地域も多くありますが，PET は燃えにくい性質なので，可燃ゴミには出さずよく洗ってリサイクルできるよう資源ゴミに出す必要があります。なお，すべてのレジ袋が有料化されたわけではなく，次のものは対象外となっています。

●厚手でくり返し使用可能なもの。

●海洋①生分解性 あ 配合率 100 ％ のもの。

●②バイオマス素材の配合率が 25 ％ 以上のもの。

　 あ とは， え を原料として人工的に合成された物質で，有機物です。有機物は炭素と水素をふくみ，燃やすと お と か が発生します。 か が大気中に増えても困りませんが， お は き ガスの 1 つで地球温暖化の原因となりますし， あ は環境の中で自然には分解されません。環境中に放出された あ は海に流れつき，大きなままで海洋生物が誤って食べてしまったり，くだけて細かなつぶになって知らない間に体内に入りこんだりします。使用する あ を減らそうという動きがおこりはじめ，2018 年ごろから一部のファストフード店やカフェで あ 製の う の提供をやめ，紙製の う の提供がはじまりました。レジ袋の有料化もその動きの一つです。

問1　文中の　**あ**　～　**う**　にあてはまるものを次の**ア～オ**から選び, 記号で答えなさい。

ア ペットボトル　**イ** 食品トレー　**ウ** アルミ缶^{かん}

ア ペットボトル　イ 食品トレー　ウ アルミ缶
エ ストロー　　　**オ** プラスチック

問2　文中の　**え**　～　**き**　にあてはまる語句を答えなさい。

問3　文中の下線部①はどのような物質ですか。次の**ア～オ**から正しいものを2つ選び, 記号で答えなさい。

ア 安価で大量生産できる。
イ 燃やしても気体が発生しない。
ウ 微生物^{びせいぶつ}によって水と二酸化炭素に分解される。
エ ストローほどの大きさなら, 土の中に入れれば2日で完全に分解される。
オ 生ゴミの袋^{ふくろ}として使うと, 袋ごと肥料にすることができる。

問4　文中の下線部②の原料は, どのような反応によってつくられますか。次の生態系の図にある矢印A～Jからあてはまるものを2つ選びなさい。

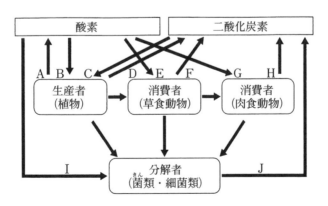

問5　有機物が燃えて　**お**　と　**か**　が発生する反応は, 生物が行うある生命活動とよく似ています。その生命活動を漢字2字で答えなさい。

〈2021年　江戸川女子中学校（改題）〉

119

知識の整理

環境問題

SDGsということば，最近よく使われるようになったね。酸性雨や砂漠化，地球温暖化や森林の破壊，オゾン層の破壊など地球環境の問題が，国際的な枠組みで語られるようになっている。

例えば，Goal 14「海の豊かさを守ろう」は海洋環境についてのテーマだ。僕たちが住む日本は海に囲まれた，まさに「海洋国家」であり，海洋環境の保全や海洋資源の持続可能な利用が不可欠だよね。

そんな中問題となっているのが，**プラスチックゴミ**について。プラスチックゴミが海に流出し，海の生態系への影響が懸念されている。海に流出するプラスチックゴミは，毎年約800万トンなんていうデータもあるよ。

2050年には海洋中のプラスチックゴミの重量が魚の重量をこえるなんていうとんでもない試算もある。僕たち一人ひとりが対策を講じる必要があるね。

今回の**問題**は，プラスチックを通して，環境問題を考える問題だよ。身の回りの環境問題を整理し，理解していこう。

問題の解説

問1

> 文中の **あ** ～ **う** にあてはまるものを次の①～⑤から選び，記号で答えなさい。
>
> **ア** ペットボトル　　**イ** 食品トレー　　**ウ** アルミ缶
> **エ** ストロー　　　　**オ** プラスチック

　文中に出てきた，ポリエチレン PE やポリエチレンテレフタラート PET，ポリプロピレン PP などは，すべてプラスチックのなかまだ。

　プラスチックとは，ふつう**石油から得られる物質を原料**とし，人工的に合成されたものだよ。**代表的なプラスチックとその利用例，燃焼性**を次の〈表1〉にまとめておくね。

〈表1〉

	ポリエチレン PE	ポリプロピレン PP	ポリ塩化ビニル PVC	ポリスチレン PS	ポリエチレンテレフタラート PET
利用例	レジ袋など	キャップ，食品容器など	消しゴム，水道管など	食品トレー，CDケースなど	ペットボトルなど
燃焼性	燃える	燃える	燃えにくく，すぐ火が消える	完全燃焼しにくく，すすが出る	燃えにくい

　よって，**あ**はオ「プラスチック」，**い**はア「ペットボトル」，**う**はエ「ストロー」が答えだ。

　うに使われるポリプロピレン PP と問われると，**イ**「食品トレー」と迷うかもしれないけれど，最後の，「ファストフード店やカフェでプラスチック製の **う** の提供をやめ，紙製の **う** の提供がはじまりました」という文から，エ「ストロー」だ！と決定できるね。

問2

文中の え ～ き にあてはまる語句を入れなさい。

問1でもお伝えしたとおり，プラスチックはふつう**石油から得られる物質を原料としている**よ。**え**は石油が答えだ。

有機物にはふつう炭素や水素がふくまれる。なので，有機物を完全に燃やすと，二酸化炭素や水（水蒸気）ができるんだ。このあたり，くわしくは第16講で学ぶよ！

おと**か**，どちらが二酸化炭素でどちらが水（水蒸気）だろう，と迷うかもしれないけれど，この後の文で，「 お は き ガスの1つで地球温暖化の原因」とあるので，**お**が二酸化炭素で，**か**が水（水蒸気）とわかる。**き**はもちろん**温室効果**があてはまるね！これらが答えだ。

問3

文中の下線部①はどのような物質ですか。次の**ア～オ**から正しいものを2つ選び，記号で答えなさい。

ア 安価で大量生産できる。
イ 燃やしても気体が発生しない。
ウ 微生物によって水と二酸化炭素に分解される。
エ ストローほどの大きさなら，土の中に入れれば2日で完全に分解される。
オ 生ゴミの袋として使うと，袋ごと肥料にすることができる。

さて，**生分解性プラスチック**のお話だ。生分解性プラスチックとは，通常のプラスチックと同じくらいの耐久性をもつけれど，**自然界の微生物のはたらきで二酸化炭素と水に分解されてしまうプラスチック**のこと。

通常のプラスチックはほとんど微生物の分解を受けないので，**知識の整理**で解説した，海洋や土壌のプラスチックゴミの問題が生まれてしまう。

そんな問題を解消すべく生まれたのが，この生分解性プラスチックだよ。よし，しっかりと知識が理解できたところで，選択肢を一つひとつ確認しよう。

ア 2023年現在では，まだまだ通常のプラスチックにくらべ，**生分解性プラスチックは高価**だ。今後の展開によって，ここの文を書きかえなければならないくらい安く生分解性プラスチックがつくられ，プラスチックゴミ問題が解決されればいいなあと思うよ。×

イ 生分解性プラスチックも有機物なので，ふつう炭素や水素がふくまれる。よって，完全に**燃やすと，二酸化炭素や水（水蒸気）ができる**よ。×

ウ まさに生分解性プラスチックの特徴だね！〇

エ 生分解性プラスチックを土中にうめた場合，大きさなどにもよるけれど，**数年で完全に分解される**といわれているよ。さすがに2日は短すぎる！×

オ 生ゴミも生分解性プラスチックも微生物の分解を受けるので，そのまま肥料にできるよ。〇

よって，**ウ**，**オ**が答えだ。

問4

文中の下線部②の原料は，どのような反応によってつくられますか。次の生態系の図にある矢印A〜Jからあてはまるものを2つ選びなさい。

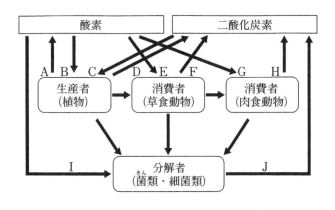

今度は**バイオマス素材**のお話が出てきたぞ。バイオマスとは，**再生可能な，生物由来の有機物**で，**化石資源を除いたもの**のこと。例えば，生ゴミなど食品廃棄物，動物の死がいやふん尿，木材などを指すよ。

バイオマスプラスチックは，トウモロコシやサトウキビなど，主に植物由来の原料を利用してつくられている。

バイオマスプラスチックを燃やすときにももちろん二酸化炭素は出るけれど，その二酸化炭素のもとになった炭素は，もともとバイオマスプラスチックの原料である植物が光合成に用いるため大気中から吸収した二酸化炭素由来の炭素であるので，大気中の二酸化炭素量の増減に影響しないという**カーボンニュートラル**という考え方により，環境にやさしいとされるんだ。

さて，**問4**の図を見てみよう。自然の中での生き物が食べる・食べられる関係が出てきているね。このような**鎖のようにつながった関係**を**食物連鎖**というよ。

今回，バイオマスプラスチックの原料となるバイオマス素材を考えると，植物由来の原料であるので，植物が太陽の光を使って，空気中や水中の二酸化炭素と，根から取りいれた水をもとに，デンプンと酸素をつくりだす光合成について選択すればいいね。

よって，A，Cが答えだ。

問5

有機物が燃えて お と か が発生する反応は，生物が行うある生命活動とよく似ています。その生命活動を漢字2字で答えなさい。

体内に取りこんだ酸素を用いて，有機物を分解しエネルギーを取りだす仕組みを呼吸といい，生物は，生命活動に必要なエネルギーを，呼吸によって取りだしている。

有機物の燃焼により，二酸化炭素と水（水蒸気）が生まれる反応は，この呼吸とまさによく似ているよね。呼吸が答えだ。

問題の答え

問1 あ オ い ア う エ
問2 え 石油　お 二酸化炭素　か 水（水蒸気）　き 温室効果
問3 ウ，オ　問4 A，C　問5 呼吸

生物と環境，いかがだったでしょうか。時事問題も関わる分野，よく復習してくださいね。

天気の変化

コペルくん

本講では，**天気の変化**について学びます。それでは**問題1**を見てみよう。

次の文を読み，**問1～問4**に答えなさい。

　空にうかんでいる雲には様々な種類のものがありますが，その特徴（とくちょう）などから十種類に分類されています。これを『十種雲形』といい，その雲の①高さ，②形や広がりかた，③雨を降らせるかどうか，などから名前がつけられています。

　『十種雲形』の雲の名前には5つの漢字が使われていて，それぞれに①～③のいずれかに関係する意味があります。**表**は『十種雲形』の中から5種類の雲の名前とその特徴を取り上げたものです。

表

雲の名前	雲の特徴
巻雲	すじ雲ともいわれ，高度7000 m以上にある細い繊維状（せんい）の雲
層雲	きり雲ともいわれ，地面や山の形に沿って，広く発生する
積乱雲	入道雲ともいわれ，せまい範囲（はんい）に激しい雨を降らせ，雷，<u>ひょう</u>を伴うことがあり，地面と垂直方向に発達する
巻層雲	うす雲ともいわれ，高度7000 m以上に発生するうすい雲で空に大きく広がり，天気の下り坂のサインとなる
高積雲	ひつじ雲ともいわれ，高度4000～7000 m付近に発生し，小さな雲が群れをつくっている

※雲の発生する高さはおおよその目安であり，気象条件などの影響（えいきょう）で多少変化することがあります

問1 **表**を参考に，雲の名前に使われている5つの漢字〈巻，層，積，乱，高〉の中から，以下の(1)〜(3)の文にあてはまる意味をもつ漢字を答えなさい。答えが複数ある場合は，すべて答えなさい。

(1) 雲の発生する高度を表している

(2) 地面と水平方向に広がる

(3) 雨を降らせる

問2 積乱雲は**表**にもあるように「ひょう」を降らせることがある雲です。ひょうとは雲から降る直径5 mm以上の氷のつぶのことをいいます。積乱雲の下でひょうが降ることは珍しくなく，まれに直径5 cmをこえる大きさのものが降ることもあります。日本では1917年6月に直径30 cm近い大きさのものを観測していて，その質量は3 kg以上もあったそうです。次の(1)，(2)に答えなさい。

(1) 日本では，ひょうは5〜6月に比較的多く観測されます。寒い冬でもなく，真夏でもないこの時期によく降るのは，いくつかの気象条件が重なるためです。5〜6月にひょうがよく降る理由として正しいものを以下の**ア〜カ**から2つ選び，記号で答えなさい。なお，ひょうは積乱雲の中で気温が0 ℃以下のところを通過するときに，雲の中にある氷のつぶに対して水のつぶがくっついてそれがさらに凍りついたり，別の氷のつぶが衝突してくっついたりすることでつくられます。

ア この時期は上空の気温が真冬と同じくらいに低いから

イ この時期は海水温がまだ低いから

ウ この時期は地上から上空までの大気の温度が，真夏ほど高くはないから

エ この時期は日射が強く，対流活動（大気の上下運動）が活発になりやすいから

オ この時期は季節風が強い影響で，対流活動が活発になりやすいから

カ この時期は空気が乾燥しているために，対流活動が不活発だから

(2)　雲から降る直径 5 mm 未満の氷のつぶのことを何といいますか。

問3　東京では，気温の高い季節は積乱雲によるせまい範囲で降る激しい雨が多い一方で，気温の低い季節は広い範囲で弱い雨が長時間降るような天気が現れることが多くなります。このように弱い雨を長時間降らせる雲の名前を 5 つの漢字〈巻，層，積，乱，高〉の中から適切なものを 2 字用いて，『○△雲』のように答えなさい。

問4　雲について述べた文として正しくないものを次のア〜エから 1 つ選び，記号で答えなさい。

ア　日本では積乱雲は夏に多く発生するが，冬に発生することはほとんどない

イ　すべての雲の姿や形は常に変化している

ウ　雲は暖かい空気が上昇することで冷やされたときに，その空気中の水蒸気が水または氷のつぶに変化したものである

エ　雲の中で発生した雨つぶは，地上に落ちてくる途中で蒸発することがある

〈2021 年　青稜中学校（改題）〉

知識の整理

● 雲のでき方

　空をながめると，よほど天気がよいときを除いて，雲が見える。雲は，**上空にできる，小さな水のつぶや氷のつぶの集まり**だ。雲ができる流れは，次のように考えられているよ。

　　地上付近の空気が暖められる。
　　　　　↓
　　暖められた空気のかたまりが膨張し，まわりの空気より軽くなり，上昇する。
　　　　　↓
　　上空は気圧が低く，空気の膨張がさらに進む。
　　　　　↓
　　空気の膨張により温度が下がり，空気にふくむことのできる水蒸気の量が限界に達して，水蒸気が水のつぶに変わり，雲ができはじめる。
　　　　　↓
　　空気がさらに上昇し，氷のつぶができ，雲が成長していく。

　このように，雲は，空気が上昇する，**上昇気流**によって生まれるものであること，おさえておこう！　ちなみに，1 m³ の空気中にふくむことのできる最大の水蒸気の量を**飽和水蒸気量**といい，空気中の水蒸気量が飽和水蒸気量と同じになる気温を**露点**というよ。

🔵 雲の種類（十種雲形）

世界気象機関における，雲の種類（十種雲形）を次の〈**表1**〉，〈**図1**〉でチェックだ！

〈表1〉

巻雲（すじ雲） ほうきではいたような白く細い雲。増えてくると，2，3日後に雨が降ることが多い。	**巻層雲（うす雲）** うすく白いベールのように空に広がる雲。西から広がってくると，大気は下り坂になる。太陽や月にかさをつくることがある。
	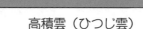
巻積雲（うろこ雲） うろこのように並んだ，白く小さな雲の集まり。巻層雲になって厚くなると，雨になることが多い。	**高積雲（ひつじ雲）** ヒツジの群のように集まる雲。すぐに消えると晴れに，厚くなると雨になることが多い。

高層雲（おぼろ雲） 灰色がかった，空全体をぼんやりとおおう雲。巻積雲より雨になりやすい。	**積雲（わた雲）** 白いわたのようなかたまり状の雲。そのままなら晴れだが，発達すると積乱雲になる。

乱層雲（雨雲） 低い空をおおう黒く厚い雲。広い範囲におだやかな雨や雪を降らせる。	**積乱雲（入道雲）** むくむくと空高くもり上がる雲。せまい範囲で激しい雨やひょうを降らせる。かみなりが発生することもある。

層積雲（うね雲） 低い空に見られる灰色の雲。かたまり状の雲が広く層をつくる。	**層雲（きり雲）** きりに似た，とても低い空にできる雲。底面が地上に届くと，きりやきり雨になる。

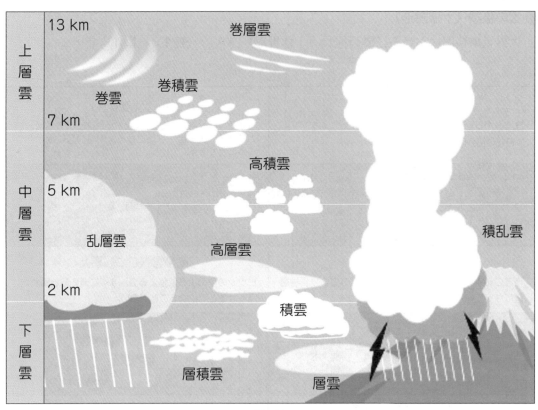

〈図1〉

　雲の名前のつけ方には，**高度，形，雨を降らせるかどうか**を組み合わせたルールがある。

　まずは**高度**について。**上層雲**は名前のはじめに巻の文字がつく。**中層雲**は名前のはじめに高の文字がつく。**下層雲**には巻，高の文字はつかない。

　次に**形**について。かたまり状の雲には積の文字が入り，水平方向（横）に広がる形状の雲には層の文字が入る。

　最後に**雨を降らせるかどうか**について。天気が乱れる，雨を降らせる雲には乱の文字が入る。

　このルールを意識して，雲を区別しておこう！
　さて，準備は整ったかな？ **問題1** の解説に入ろう。

問1

表を参考に，雲の名前に使われている5つの漢字〈巻，層，積，乱，高〉の中から，以下の(1)～(3)の文にあてはまる意味をもつ漢字を答えなさい。答えが複数ある場合は，すべて答えなさい。

(1) 雲の発生する高度を表している
(2) 地面と水平方向に広がる
(3) 雨を降らせる

知識の整理で説明したとおりだ。

(1)では**雲の高度**のお話。つまり，**巻**，**高**，これらが答えだ。

(2)では**雲の形**のお話。水平方向に広がるので，**層**，これが答えだ。

(3)では**雲が雨を降らせるかどうか**のお話。雨を降らせるので，**乱**，これが答えだ。

問2

積乱雲は表にもあるように「ひょう」を降らせることがある雲です。ひょうとは雲から降る直径5mm以上の氷のつぶのことをいいます。積乱雲の下でひょうが降ることは珍しくなく，まれに直径5cmをこえる大きさのものが降ることもあります。日本では1917年6月に直径30cm近い大きさのものを観測していて，その質量は3kg以上もあったそうです。次の(1)，(2)に答えなさい。

(1) 日本では，ひょうは5～6月に比較的多く観測されます。寒い冬でもなく，真夏でもないこの時期によく降るのは，いくつかの気象条件が重なるためです。5～6月にひょうがよく降る理由として正しいものを以下の**ア～カ**から2つ選び，記号で答えなさい。なお，ひょうは積乱雲の中で気温が0℃以下のところを通過するときに，雲の中にある氷のつぶに対して水のつぶがくっついてそれがさらに凍りついたり，別の氷のつぶが衝突してくっついたりすることでつくられます。

ア　この時期は上空の気温が真冬と同じくらいに低いから

イ　この時期は海水温がまだ低いから

ウ　この時期は地上から上空までの大気の温度が，真夏ほど高くはないから

エ　この時期は日射が強く，対流活動（大気の上下運動）が活発になりやすいから

オ　この時期は季節風が強い影響（えいきょう）で，対流活動が活発になりやすいから

カ　この時期は空気が乾燥（かんそう）しているために，対流活動が不活発だから

(2)　雲から降る直径 5 mm 未満の氷のつぶのことを何といいますか。

(1)　直径 5 mm 以上の氷のつぶを，「ひょう」というよ。ひょうは，「積乱雲の中で気温が 0 ℃以下のところを通過するときに，雲の中にある氷のつぶに対して水のつぶがくっついてそれがさらに凍（こお）りついたり，別の氷のつぶが衝突（しょうとつ）してくっついたりすることでつくられます」，と問題文中に書いてあるので，まずはここをしっかりと読みとることが大切だ。そして，5〜6月の時期は，強い日射により気温が上がりやすいけれど，上空に大陸からの冬のなごりの寒気があるので，対流活動が活発でひょうのできやすい状況（じょうきょう）であることをふまえて，選択肢（せんたくし）を選ぶとよいね。これにあてはまる，**ウ**，**エ**が答えだ。

他の選択肢も，一つひとつ確認しよう。

ア　上空の気温が 0 ℃以下でひょうが成長できること，問題文中に書いてあったとおりだ。上空の気温が真冬と同じくらい低くなくとも，上空に大陸からの冬のなごりの寒気があるこの時期であれば，ひょうができることがわかるね。×

イ　5〜6月は海水温が上がりつつある時期であるし，ひょうの降る理由としては適当ではないね。×

オ　対流活動はたしかに活発だけど，5〜6月にかけてのひょうについては，季節風は関係がないね。×

カ　活発な対流活動の結果，雲ができるんだから，対流活動は不活発ではないね。あやしい人は，**知識の整理**の雲のでき方をチェックだ！×

(2)　直径 5 mm 未満の氷のつぶを，**あられ**というよ。

問3

> 　東京では，気温の高い季節は積乱雲によるせまい範囲で降る激しい雨が多い一方で，気温の低い季節は広い範囲で弱い雨が長時間降るような天気が現れることが多くなります。このように弱い雨を長時間降らせる雲の名前を5つの漢字〈巻，層，積，乱，高〉の中から適切なものを2字用いて，『〇△雲』のように答えなさい。

　まず，雨が降ることより，乱の文字が入りそうだね。また，広い範囲で，ということは，水平方向（横）に広がる雲であるはず，つまり層の文字が入りそうだ。よって，**乱層雲**，これが答えだ。

問4

> 　雲について述べた文として正しくないものを次の**ア～エ**から1つ選び，記号で答えなさい。
>
> **ア**　日本では積乱雲は夏に多く発生するが，冬に発生することはほとんどない
> **イ**　すべての雲の姿や形は常に変化している
> **ウ**　雲は暖かい空気が上昇することで冷やされたときに，その空気中の水蒸気が水または氷のつぶに変化したものである
> **エ**　雲の中で発生した雨つぶは，地上に落ちてくる途中で蒸発することがある

　ア～エを一つひとつ考えていこう。

　アについて，**冬でも日本海側では雪がたくさん降っている。そのような雪を降らす積乱雲があるはず**だ。×

　イや**ウ**はまさに正解の選択肢だ。○

　エについて，上空では温度が低く，空気にふくむことができる水蒸気の量が限界に達しているはずだけれど，地上付近では温度が上がり，空気にふくむことのできる水蒸気の量が増えるはず。よって，文のとおり，雨つぶが蒸発することもあるはずだ。○

　よって，**ア**が答えだ。

問1　(1)　巻，高　(2)　層　(3)　乱　　問2　(1)　ウ，エ　(2)　あられ

問3　乱層雲　　問4　ア

さて，次は**天気の変化や気象現象**についての問題に挑戦だ。**問題2**を見てみよう。

問題2　天気の変化，気象現象

日本や世界の気象に関する**問1〜問4**に答えなさい。

問1　2020年8月17日，　①　高気圧におおわれた日本列島は広い範囲で猛烈な暑さに見舞われました。静岡県浜松市中区では午後0時10分，国内観測史上最高記録に並ぶ41.1 ℃を記録するなど，26地点が過去最高気温となりました。静岡地方気象台によると，浜松市の猛暑の主な原因は，列島をおおう高気圧から下降気流が発生して地上の空気が圧縮されることで気温が上昇したこと，また雲ができにくく，日射をさえぎるものがなかったことも要因の一つとしています。さらに静岡県西部では山を越えた暖かく乾いた西風が入りこみ，　②　現象が発生したことでさらに気温が上昇した可能性があると指摘しています。(1)〜(3)に答えなさい。

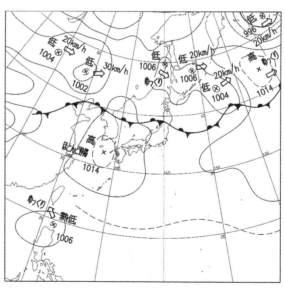

図1　8月17日午後0時の天気図

(1) 文中の　①，　②　にあてはまる適切な語句をそれぞれ答えなさい。

(2) **図1**によると，この日はユーラシア大陸から朝鮮半島および東北地方にかけて，長い停滞前線が東西に伸びていたことがわかります。これら前線とは，ちがう性質をもった空気のかたまりの境界を指す言葉です。以下の前線について説明した文中の　③，　④　にあてはまる適切な語句を，それぞれ答えなさい。

　　　前線とは，　③　空気と　④　空気の境目が地表と交わる部分を指す。

(3) 文中の下線部について，静岡県浜松市に高温をもたらした　②　現象を**図2**で表しました。この**図2**のように，地点Aから地点Dに向けて空気が移動したとします。このとき，地点Bで雲ができはじめ，その雲からは雨が降りました。地点Aの気温が30 ℃のとき，地点Dの気温は何℃になるか計算しなさい。ただし地点A，地点B，山頂C，地点Dの標高はそれぞれ0 m，600 m，1000 m，0 mとします。また，乾燥した空気は100 m上昇するごとに気温が1 ℃下がり，湿った空気は100 m上昇するごとに気温が0.5 ℃下がるとし，**図2**の地点A～地点B，山頂C～地点Dまでの空気は乾燥しており，地点B～山頂Cまでの空気は湿っているとします。

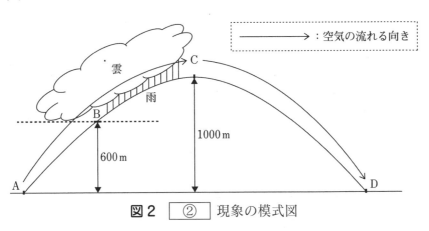

図2　②　現象の模式図

問2 古くから人間の活動と気象現象は深い関わりをもっています。例えば農耕においては降水量が作物の出来に影響し，狩猟や漁では風向きを知ることが収獲や自身の安全に関わってきます。このような理由から，「夕焼けが綺麗に見えたら次の日は晴れる」といった経験に基づく伝承，現在でいう観天望気を通じて天気を「読む」ことが行われてきました。現在，日本で使われている観天望気のうち，正しくないものを次の**ア～オ**から1つ選び，記号で答えなさい。

ア ツバメが低く飛ぶと雨が降る。

イ 春頃，朝焼けが綺麗に見えると天気が悪くなる。

ウ 山に笠雲がかかると雨が降る。

エ 朝にきりが発生すると日中晴れる。

オ 飛行機雲がすぐに消えると天気が悪くなる。

問3 日本国内約1300か所の気象観測所で構成される**図3**のような気象庁の無人観測施設である「地域気象観測システム」をアメダスといい，ここでは，雨，風，雪などの気象状況を時間的，地域的に細かく監視するために，降水量，風向・風速，気温，日照時間の観測を自動的に行い，気象災害の防止・軽減に重要な役割を果たしています。

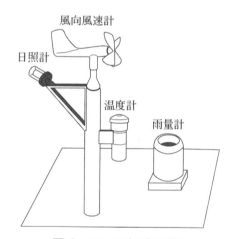

図3 アメダス観測所

アメダスを用いた気象観測を正確に行うために，観測機器を設置する場所にはいくつかの条件が存在します。その条件について説明した文のうち，正しくないものを次の**ア～エ**から1つ選び，記号で答えなさい。

ア　測定機器は高い建物や家の近くを避け，平らな開けた場所に設置する。

イ　測定機器の周囲には芝生を設置し，地面からの反射日射を減らす。

ウ　観測所の周囲には，コンクリートでできた背の高い壁を設置し，人や動物のしん入を防ぐ。

エ　観測所が盆地内などにあり風の測定に影響がある場合，近くの山の山頂などに風向風速計のみ移設して風を測定する場合がある。

問4　「ひまわり」は日本が運用している静止衛星・気象観測衛星です。2015年7月7日より，ひまわり8号が気象観測を行っており，2022年からはひまわり9号が運用される見通しとなっています。静止衛星は名前のとおり，地上から見ると常に同じ位置に静止しているように見えます。静止衛星についての説明として正しいものを次の**ア〜エ**から1つ選び，記号で答えなさい。

※2022年12月13日より，ひまわり9号の運用が開始されています。

ア　赤道上空を地球の自転周期と同じ周期で公転している。

イ　北極，赤道，南極を通るように地球の周囲を公転している。

ウ　ひまわりのような日本周辺域を観測する静止衛星は，日本上空を通過しながら地球の周囲を公転している。

エ　静止衛星を地上から観測することができるのは，衛星軌道の高度が低いため太陽光を反射し，かつ，空が暗いという両方の条件が成立する日没時と夜明け時の時間帯に限られる。

〈2021年　本郷中学校（改題）〉

● 前線

問題文中の**図1**には，◓と▲の記号がある。◓は暖かい空気（暖気）がせめる方向，▲は冷たい空気（寒気）がせめる方向とイメージしてほしい。

このように，暖かい空気と冷たい空気は，ふれ合ってもすぐには混じり合わず境目ができる。この境目が地表面と交わってつくる線を前線という。

図1においては，**暖かい空気と冷たい空気が同じくらいでせめぎ合う**，停滞前線が表されている。

前線には他にも，右の〈**図2**〉のような，◓だけの**温暖前線**，▲だけの**寒冷前線**があるよ。

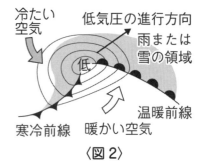

〈図2〉

温暖前線は，右の〈**図3**〉のように暖かい空気が冷たい空気の上にはい上がり，冷たい空気を後退させながら進むときにできる前線だ。ゆるやかな上昇気流ができ，広い範囲に長時間おだやかな雨を降らせることが多い。温暖前線が通過すると，気温が上がり，南よりの風が吹くよ。

対して**寒冷前線**は，右の〈**図4**〉のように冷たい空気が暖かい空気の下にもぐりこみ，暖かい空気を激しく押し上げながら進むときにできる前線だ。激しい上昇気流が生じるので，せまい範囲に短時間，強い雨を降らせることが多い。寒冷前線が通過すると，気温が下がり，北よりの風が吹くよ。

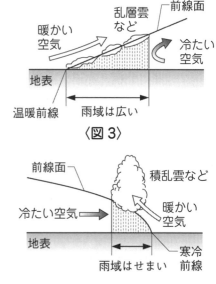

〈図3〉

〈図4〉

さらなる高みへ

短時間で多量の雪が降る，いわゆるドカ雪の原因の1つとして，JPCZ という言葉をよく聞くようになったね。JPCZ とは，「日本海寒気団収束帯」のこと。冬の日本海の上空のほぼ同じ場所に，数日間，長さ 1000 km にもおよぶ，前線のように風がぶつかる場所（収束帯）が現れることがあり，それによって大雪がもたらされることがあるよ。

問1

> (1) 文中の ① , ② にあてはまる適切な語句をそれぞれ答えなさい。
>
> (2) 図1によると，この日はユーラシア大陸から朝鮮半島および東北地方にか
> けて，長い停滞前線が東西に伸びていたことがわかります。これら前線とは，
> ちがう性質をもった空気のかたまりの境界を指す言葉です。以下の前線につ
> いて説明した文中の ③ , ④ に当てはまる適切な語句を，それぞれ
> 答えなさい。
>
>   前線とは， ③ 空気と ④ 空気の境目が地表と交わる部分を指す。
>
> (3) 文中の下線部について，静岡県浜松市に高温をもたらした ② 現象を
> 図2で表しました。この図2のように，地点Aから地点Dに向けて空気が
> 移動したとします。このとき，地点Bで雲ができはじめ，その雲からは雨が
> 降りました。地点Aの気温が30 ℃のとき，地点Dの気温は何℃になるか
> 計算しなさい。ただし地点A，地点B，山頂C，地点Dの標高はそれぞれ0 m，
> 600 m，1000 m，0 mとします。また，乾燥した空気は100 m上昇する
> ごとに気温が1 ℃下がり，湿った空気は100 m上昇するごとに気温が0.5
> ℃下がるとし，図2の地点A〜地点B，山頂C〜地点Dまでの空気は乾燥
> しており，地点B〜山頂Cまでの空気は湿っているとします。

(1) ① 夏に，日本からハワイ諸島，北東太平洋にかけて東西に張りだす高気圧は太
平洋高気圧だね。①は**太平洋**が答えだ。

　② 水蒸気を多くふくんだ湿った空気のかたまりが，山を越えていくとき，山の
風上側では雨を降らし，風下側では乾燥して気温が高くなる現象を**フェーン現
象**というよ。②は**フェーン**が答えだ。

(2) **知識の整理**で説明したとおり，前線とは，暖かい空気と冷たい空気の境目が地表
面と交わる部分だね。③，④は**暖かい**，**冷たい**が答えだ。

(3) さて，フェーン現象に関わる計算問題だ！ よく出題されるよ。地点A〜地点B
では，乾燥した空気が600 m上昇している。

乾燥した気体は 100 m 上昇するごとに気温が 1 ℃下がるので,

$$600 ÷ 100 × 1 = 6 ℃$$

地点 B では地点 A より 6 ℃下がり,気温は 30 − 6 = 24 ℃となる。

地点 B～山頂 C では,湿った空気が 1000 − 6000 = 400 m 上昇している。

湿った気体は 100 m 上昇するごとに気温が 0.5 ℃下がるので,

$$400 ÷ 100 × 0.5 = 2 ℃$$

山頂 C では地点 B より 2 ℃下がり,気温は 24 − 2 = 22 ℃となる。

山頂 C～地点 D では,乾燥した空気が 1000 m 下降している。

乾燥した気体は 100 m 下降するごとに気温が 1 ℃上がるので,

$$1000 ÷ 100 × 1 = 10 ℃$$

地点 D では山頂 C より 10 ℃上がり,気温は 22 + 10 = 32 ℃となる。

よって,**32 ℃**が答えだ。

問2

　　古くから人間の活動と気象現象は深い関わりをもっています。例えば農耕においては降水量が作物の出来に影響し,狩猟や漁では風向きを知ることが収穫や自身の安全に関わってきます。このような理由から,「夕焼けが綺麗に見えたら次の日は晴れる」といった経験に基づく伝承,現在でいう観天望気を通じて天気を「読む」ことが行われてきました。現在,日本で使われている観天望気のうち,正しくないものを次の**ア～オ**から 1 つ選び,記号で答えなさい。

ア　ツバメが低く飛ぶと雨が降る。

イ　春頃,朝焼けが綺麗に見えると天気が悪くなる。

ウ　山に笠雲がかかると雨が降る。

エ　朝にきりが発生すると日中晴れる。

オ　飛行機雲がすぐに消えると天気が悪くなる。

観天望気についてのお話。一つひとつの選択肢を確認していこう。

ア　空気中の水分が多くなると,蚊などの虫は羽が水分をふくんで重たくなるので,低いところを飛ぶようになる。ツバメは蚊などの虫をえさとするので,ツバメも低いところを飛ぶようになる。○

イ　春は,低気圧と高気圧が日本上空を連続的に通っていくので,東に高気圧があれば,その後西から低気圧がくる可能性が高いと考えている。○

ウ 空気にふくまれる水蒸気が少なければ，空気が上昇しても水のつぶは生じない。けれど，上空で水のつぶが生じ笠雲ができているということは，空気にふくまれる水蒸気が多いときであるので，雨が降りやすいはずだと考えている。○

エ きりが発生するときは，放射冷却が強まり，空気が冷やされて飽和水蒸気量が小さくなって水のつぶができやすい状況だと考えられる。放射冷却が強まるということは，夜に晴れているので，そのまま晴れ続けるはずだと考えている。○

オ もともと空気中に水蒸気が多く，飽和していれば，飛行機から出た水のつぶはそのまま残るはず。このとき，空気中に水蒸気が多いわけだから，雲ができやすく天気は悪くなりがちだ。**飛行機から出た水のつぶがすぐに消えると，空気中の水蒸気が少ないので，天気は悪くなりにくいと考えられる。**×

よって，答えは**オ**だ。

問3

日本国内約1300か所の気象観測所で構成される**図3**のような気象庁の無人観測施設である「地域気象観測システム」をアメダスといい，ここでは，雨，風，雪などの気象状況を時間的，地域的に細かく監視するために，降水量，風向・風速，気温，日照時間の観測を自動的に行い，気象災害の防止・軽減に重要な役割を果たしています。

アメダスを用いた気象観測を正確に行うために，観測機器を設置する場所には

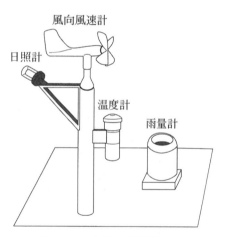

図3　アメダス観測所

いくつかの条件が存在します。その条件について説明した文のうち，正しくないものを次の**ア～エ**から1つ選び，記号で答えなさい。

ア 測定機器は高い建物や家の近くを避け，平らな開けた場所に設置する。

イ 測定機器の周囲には芝生を設置し，地面からの反射日射を減らす。

ウ 観測所の周囲には，コンクリートでできた背の高い壁を設置し，人や動物のしん入を防ぐ。

エ 観測所が盆地内などにあり風の測定に影響がある場合，近くの山の山頂などに風向風速計のみ移設して風を測定する場合がある。

観測機器を設置する場所のお話。風向風速計は，コンクリートでできた背の高い壁<ruby>壁<rt>かべ</rt></ruby>があると正確にはかることができなさそうだね。**ウ**は×なので，これが答えだ。

問4

> 　「ひまわり」は日本が運用している静止衛星・気象観測衛星です。2015年7月7日より，ひまわり8号が気象観測を行っており，2022年からはひまわり9号が運用される見通しとなっています。静止衛星は名前のとおり，地上から見ると常に同じ位置に静止しているように見えます。静止衛星についての説明として正しいものを次の**ア〜エ**から1つ選び，記号で答えなさい。
> ※2022年12月13日より，ひまわり9号の運用が開始されています。
>
> **ア**　赤道上空を地球の自転周期と同じ周期で公転している。
> **イ**　北極，赤道，南極を通るように地球の周囲を公転している。
> **ウ**　ひまわりのような日本周辺域を観測する静止衛星は，日本上空を通過しながら地球の周囲を公転している。
> **エ**　静止衛星を地上から観測することができるのは，衛星軌道<ruby>軌道<rt>きどう</rt></ruby>の高度が低いため太陽光を反射し，かつ，空が暗いという両方の条件が成立する日没時<ruby>日没<rt>にちぼつ</rt></ruby>と夜明け時の時間帯に限られる。

　静止衛星についてのお話。静止しているように見えるためには，地球の自転と同じ周期で公転し，動いていると考えられる。**ア**，これが答えだ。

問題2の答え

問1　(1)　①　太平洋　②　フェーン
　　　　(2)　③　暖かい（冷たい）　④　冷たい（暖かい）　　(3)　32℃
問2　オ　　**問3**　ウ　　**問4**　ア

　最後に，**乾湿計**<ruby>乾湿計<rt>かんしつけい</rt></ruby>についての問題にチャレンジだ。**問題3**を見てみよう。

次の文を読み，**問1〜問6**に答えなさい。答えは，小数第2位以下があるときは小数第2位を四捨五入して小数第1位まで求めなさい。

園了さんは，夏休みにテレビを見ていると，天気予報で「WBGT が高いから熱中症に注意してください」と言っているのを聞きました。WBGT とは何か気になったので，調べてみることにしました。

調べてみると，WBGT（湿球黒球温度）は，1954 年にアメリカで熱中症を予防する目的で提案されたものとわかりました。WBGT を測定する装置には，乾球温度計・湿球温度計・黒球温度計が備えられています。これらをもとにして，WBGT が算出されます。

表1は湿度表，**表2**は気温別の飽和水蒸気量〔g / m^3〕（1 m^3 の空気中にふくむことのできる最大の水蒸気の量）を表しています。

表1

		乾球温度計と湿球温度計の示度の差〔℃〕									
		0	1	2	3	4	5	6	7	8	9
乾球温度計の示度〔℃〕	30	100	92	85	78	72	65	59	53	47	41
	29	100	92	85	78	71	64	58	52	46	40
	28	100	92	85	77	70	64	57	51	45	39
	27	100	92	84	77	70	63	56	50	43	37
	26	100	92	84	76	69	62	55	48	42	36
	25	100	92	84	76	68	61	54	47	41	34
	24	100	91	83	75	68	60	53	46	39	33
	23	100	91	83	75	67	59	52	45	38	31
	22	100	91	82	74	66	58	50	43	36	29
	21	100	91	82	73	65	57	49	42	34	27
	20	100	91	81	73	64	56	48	40	32	25
	19	100	90	81	72	63	54	46	38	30	23
	18	100	90	80	71	62	53	44	36	28	20
	17	100	90	80	70	61	51	43	34	26	18
	16	100	89	79	69	59	50	41	32	23	15
	15	100	89	78	68	58	48	39	30	21	12

表2

気温〔℃〕	10	11	12	13	14	15	16	17	18	19	20	21	22
飽和水蒸気量〔g/m³〕	9.4	10.0	10.7	11.4	12.1	12.8	13.6	14.5	15.4	16.3	17.3	18.3	19.4

問1 次の文章を読んで，(1)，(2) に答えなさい。

湿度は，乾球温度計と湿球温度計を用いて，湿度表から求めることができる。湿球温度計には水で濡れたガーゼが巻かれており，水が　A　する際に周囲の熱をうばう。そのため，乾球温度計と湿球温度計の示度は，　B　のほうが小さいかまたは等しい。また，乾球温度計と湿球温度計の示度の差が大きいほど湿度は　C　なる。

(1)　A　にあてはまる適当な語を漢字で答えなさい。

(2)　B　，　C　にあてはまる語の組み合わせとして適当なものを右の**ア**～**エ**より1つ選び，記号で答えなさい。

	B	C
ア	乾球温度計	高く
イ	乾球温度計	低く
ウ	湿球温度計	高く
エ	湿球温度計	低く

問2 乾球温度計と湿球温度計が**図1**のような値を示すとき，湿度は何％ですか。

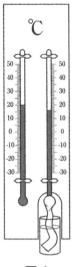

図1

問3　問2のときの空気中の水蒸気の量は 1 m³ あたり何 g ですか。

問4　問2の水蒸気の量が変わらない状態で，気温が 3 ℃下がったときの湿度は何 % ですか。

問5　問2の状態から気温が 9 ℃下がったとき，水のつぶが生じました。空気 1 m³ あたり何 g の水のつぶが生じますか。

問6　WBGT の値が 28 ℃をこえると熱中症になる危険性が高いといわれています。屋外での WBGT の値は，次の式で算出することができます。

WBGT ＝ 0.7 ×湿球温度＋ 0.2 ×黒球温度＋ 0.1 ×乾球温度

気温が 28 ℃で湿度が 77 % のとき，屋外での WBGT の値が 28 ℃をこえるのは，黒球温度が何℃をこえるときですか。

〈2021 年　洗足学園中学校（改題）〉

問題3の解説

問1

湿度を測定するとき，乾湿計を用いる。気温をはかる乾球温度計と，湿らせたガーゼにつつまれた温度計である湿球温度計を用いて，湿度表から湿度を求めることができるんだ。

湿球温度計は湿らせたガーゼでつつまれているから，ガーゼにふくまれる水が蒸発する際に周囲の熱をうばう。よって，示度は湿球温度計のほうが乾球温度計より小さいか等しくなるね。

示度の差が大きいほど，水蒸気になりやすい状況であるわけだから，湿度は低くなるよ。(1)は**蒸発**，(2)は**エ**が答えだ。

問2

図1で乾球温度計は 20 ℃，湿球温度計は 16 ℃を指しているので，乾球温度計と湿球温度計の示度の差は 20 － 16 ＝ 4 ℃だね。この値を用いて，**表1**の湿度表から湿度を求めると，湿度は **64 %** だとわかる。

問3

湿度は,

$$\text{湿度〔\%〕} = \frac{\text{空気1 m}^3\text{中にふくまれている水蒸気の量〔g〕}}{\text{そのときの気温での飽和水蒸気量〔g〕}} \times 100$$

と表される。

表2より,20 ℃での飽和水蒸気量は 17.3 g/m^3 だね。**問2**より,湿度は 64 % なので,1 m^3 あたりの空気中の水蒸気の量は,

$$17.3 \times 1 \times 0.64 = 11.07 \text{ g}$$

小数第2位を四捨五入すると,**11.1 g**,これが答えだ。

問4

気温が 20 − 3 = 17 ℃となったので,飽和水蒸気量も変化する。**表2**より,17 ℃での飽和水蒸気量は 14.5 g/m^3 だから,求める湿度は,

$$\frac{17.3 \times 1 \times 0.64}{14.5 \times 1} \times 100 = 76.35 \text{ \%}$$

小数第2位を四捨五入すると,**76.4 %**,これが答えだ。

問5

気温が 20 − 9 = 11 ℃となったので,飽和水蒸気量も変化する。**表2**より,11 ℃での飽和水蒸気量は 10.0 g/m^3 だね。このとき,1 m^3 あたりの空気中には,10.0 × 1 = 10.0 g までしか水蒸気はいられないので,求める水のつぶの重さは,

$$11.07 - 10.0 = 1.07 \text{ g}$$

小数第2位を四捨五入すると,**1.1 g**,これが答えだ。

問6

WBGT という,新たな指標のお話。こういう問題では,内容を知らなくとも,文中に必ず説明があるはずだ。今回も,ていねいに定義の式が書いてあるね。ここに代入するための必要なデータを求めていこう。

気温が 28 ℃,つまり乾球温度計の示度が 28 ℃で湿度が 77 % より,**表1**から乾球温度計と湿球温度計の示度の差は 3 ℃と読みとれる。

ということは,**湿球温度計の示度は 28 − 3 = 25 ℃とわかる**わけだね。よって,定義の式より,

$$28 < 0.7 \times 25 + 0.2 \times \square + 0.1 \times 28$$

$$\square > 38.5 \text{ ℃}$$

黒球温度が 38.5 ℃をこえるとき，これが答えだ。

問1　(1) 蒸発　(2) エ　　問2　64 %　　問3　11.1 *g*　　問4　76.4 %
問5　1.1 *g*　　問6　38.5 ℃

　はーい，天気の変化，いかがだったでしょうか。知識も計算もたくさんの分野，よく
復習してくださいね。

第3章

エネルギー

第 9 講　力のつり合い

第 10 講　電流とそのはたらき

第 11 講　ものの運動

第 12 講　光と音

力のつり合い

　今回からは「**エネルギー**」についてのお話です。まず本講では，**力のつり合い**について学びます。では，さっそく**問題1**を見てみよう。

問題1　**支点が2つあるてこ**

　力のはたらきについて，次の文を読み，**問1〜問4**に答えなさい。

　図1のように，水平でじょうぶな台の上に，同じ支点A，支点Bを置き，その上に長さ28 cm，重さ320 gの一様な棒を置きました。このとき，棒の左はし，右はしはそれぞれ支点A，支点Bから8 cmずつ飛びだしていました。また，支点A，支点Bは，**図1**の位置から台の上面に沿って左右になめらかに移動させることができるものとします。

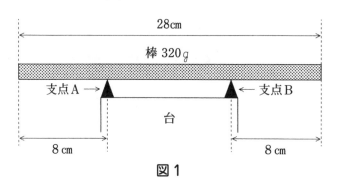

図1

　図1の状態から**図2**のように，支点Bから右へ3 cmの位置に，重さの無視できるひもで重さ160 gのおもりPを棒につるしました。

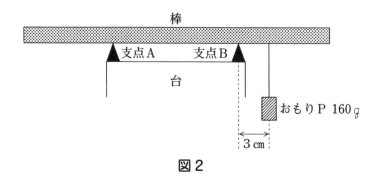

図2

問1　図2の状態から，支点Bを左へゆっくりと移動させ，支点Aを取り除いたところ，棒は水平を保ちました。支点Bは左へ何 cm 移動させていますか。次の**ア〜エ**から 1 つ選び，記号で答えなさい。

ア　2 cm　　**イ**　3 cm　　**ウ**　4 cm　　**エ**　5 cm

問2　支点Aと支点Bを図2の状態にもどしました。支点Aが棒を支えている力は何 g ですか。次の**ア〜エ**から 1 つ選び，記号で答えなさい。

ア　100 g　　**イ**　120 g　　**ウ**　200 g　　**エ**　240 g

　図2の状態から図3のように，支点A，支点Bを台の上面の中央に向けて左右対称に同時にゆっくり移動させていくと，あるところで棒は支点Bを中心に回転しました。

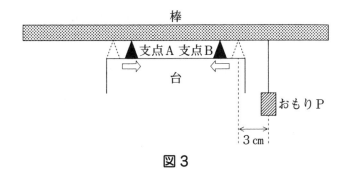

図3

問3　図3の支点A(または支点B) の移動が何 cm をこえると，棒は支点Bを中心に回転しますか。次の**ア〜エ**から 1 つ選び，記号で答えなさい。

ア　2 cm　　**イ**　3 cm　　**ウ**　4 cm　　**エ**　5 cm

図2の状態から図4のように，棒の右はしに，重さの無視できるひもで重さ120gのおもりQをつるしました。その後，おもりPをつるす位置を右へゆっくり移動させました。

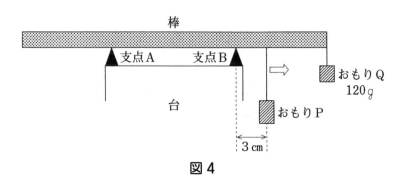

〈図4〉

問4　図4のおもりPの移動が何cmをこえると，棒は支点Bを中心に回転しますか。次の**ア～エ**から1つ選び，記号で答えなさい。

ア　1cm　　**イ**　2cm　　**ウ**　3cm　　**エ**　4cm

〈2021年　栄東中学校（改題）〉

てんびん，てことモーメント

突然だけれど，ここに次の〈図1〉のような，太さの一様な，じょうぶな棒を準備してみたよ！

〈図1〉

この棒を糸でつるし，棒を水平にするには，どこを糸でつるすとよいかな？……そうだね！棒の真ん中を糸でつるせば，次の〈図2〉のように棒は水平となる。

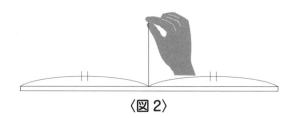

〈図2〉

このような状態にあるとき，棒は水平
につり合っているとよぶんだ。このとき，
棒を支えている，糸でつるした点を**支点**
とよぶよ。

それではこの棒に，同じ重さのおもり
を糸でつるすことにする。例えば100 *g*
のおもりを2つこの棒につるすとき，ど
のようにすれば棒を水平につり合わせた
ままにできるだろう？……そうだね，な
んとなく感覚的にイメージできるかもし
れないけれど，**支点から同じきょりのと
ころに，左右に1つずつおもりをつるす
と，棒は水平につり合う。**

例えば，右上の〈図3〉のように，支
点から10 cmのところに，左右に1つ
ずつ100 *g*のおもりをつるしたというこ
とにしよう。

〈図3〉の状況から，右のおもりのつる
す位置を少し右，例えば支点から12 cm
のところに移動させてみる。そうすると
この棒はどうなるかな？……そうだ！ 右
の〈図4〉のように，**棒は支点を中心に
時計回り（右回り）に回転しはじめる。**

さて，〈図3〉と〈図4〉から，どんな
ことがわかるだろう？ 実は〈図3〉では，
おもりの重さ×支点からのきょりの値が，

　　左側のおもり…100 × 10 ＝ 1000
　　右側のおもり…100 × 10 ＝ 1000

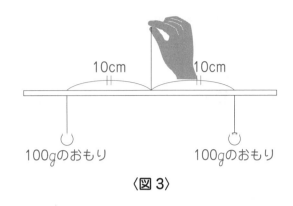

〈図3〉

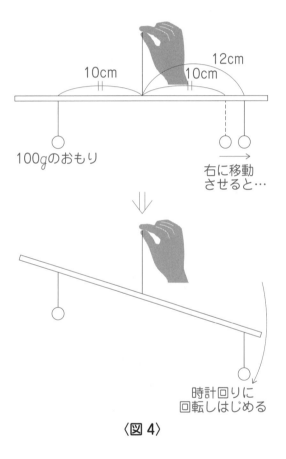

右に移動
させると…

時計回りに
回転しはじめる

〈図4〉

と，つり合っているんだ。このような，〈おもりの重さ×支点からのきょり〉の値を**モー
メント**とよぶ。

〈図4〉について考えると，**おもりの重さ×支点からのきょり**の値，つまりモーメントは，

　　左側のおもり…100 × 10 ＝ 1000
　　右側のおもり…100 × 12 ＝ 1200

と，つり合っていない。右側のおもりのほうがモーメントは大きく，**棒は時計回り（右回り）**

に回転していくと判断できるんだ。

　このように，モーメントは物体の回転を判断できる値だととらえてほしい。物体の回転を考えるとき，支点は回転の中心ととらえることができ，**支点から見て，時計回り（右回り），反時計回り（左回り）のモーメントを考えることで，物体がどちらに回転するかがわかる**んだ。

🔵 棒にはたらく力

　さあ，ここからは力について。前ページの〈図3〉にもどろう。

　このとき，棒にはたらく力はどのようなものがあるだろうか。まずみんなに伝えたいのは，力とはふつう**物体がふれ合うときに生まれるもの**だということ。棒にはたらく力を考えるとき，何かが棒にふれている場所を見ればよい。

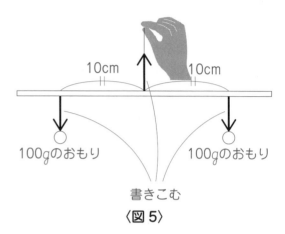

〈図5〉

　〈図3〉の状況では，棒にふれているのは，左右のおもりをつるしている糸と，棒をつるしている糸だ！ ここに力が生まれる。それを〈図3〉に書きこむと，右上の〈図5〉のようになる。

　よし！ これで完了！ と思った人，ちょっと待って！

　今，力は物体がふれ合うときに生まれるといったけれど，実は，**ふれ合わなくても生じる，例外的な力がある**。それは，**重力**だ！ **地球が物体を引く力**であり，真下の方向に生まれるよ。

　今回，棒は太さが一様なので，棒のちょうど真ん中の点が重心であり，そこに棒の重さがすべてかかっていると考えてよい。こちらも〈図3〉に書きこむと，右上の〈図6〉のようになる。

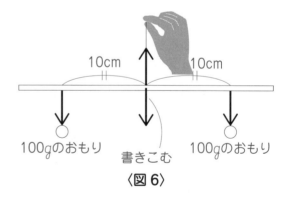

〈図6〉

これで，今回の棒にはたらく力がすべて書けたよ。このように，物体がふれ合うところに生まれる力と重力に注意して，力を矢印で表していくのがポイントだ。

最後に，右の〈図7〉のように，力に㋐～㋓の記号をつけてみる。

㋒，㋓は支点からのきょりが0cmなので，モーメントは0だ。㋐は棒を反時計回り（左回り）に回そうとする力，㋑は棒を時計回り（右回り）に回そうとする力なので，それぞれのモーメントを計算しくらべてみると，

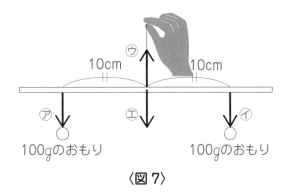

〈図7〉

反時計回り（左回り）…100 × 10 = 1000

時計回り（右回り）……100 × 10 = 1000

となり，先ほどと同様ではあるけれど，棒は回転せずつり合っていると判断できるわけだね。ここまではばっちりかな？

エネルギー

第 9 講 力のつり合い

🚀 さらなる高みへ

力は，本当はN（ニュートン）という単位を用いて表す。100 gの物体にはたらく重力の大きさは約1Nとなるよ。

🚀 さらなる高みへ

物体がふれ合わなくても生まれる力は，本当は重力だけではない。例えば，＋や−の電気における電気の力や，磁石における磁気の力などがあるよ。

● 力のつり合い

さて最後に力のつり合いについて。〈図7〉について，棒はつり合っているわけだから，棒にはたらく上下方向の力はつり合っているはずだ。つまり，次のような式が成りたつ。

㋒　　　　＝　　㋐＋㋑＋㋓
↑　　　　　　　　↑

棒にかかる　　　　棒にかかる

上向きの力の合計　下向きの力の合計

このような力のつり合いを考える問題もよく出題されるよ。まとめておさえよう！

問1

　　図2の状態から，支点Bを左へゆっくりと移動させ，支点Aを取り除いたところ，棒は水平を保ちました。支点Bは左へ何cm移動させていますか。次の**ア～エ**から1つ選び，記号で答えなさい。

　ア　2cm　　**イ**　3cm　　**ウ**　4cm　　**エ**　5cm

　右の〈図8〉のような，問題文の条件に合う図を書き，棒にはたらく力を書きこみ，⑦～⑨の記号をつけてみた。今回，棒は太さが一様なので，棒のちょうど真ん中の点が重心であり，そこに棒の重さがすべてかかっていると考えてよい。⑨の支点Bから棒にはたらく力は，**知識の整理**の，棒をつるしている糸が棒を引く力と同じ，上向きの力であることに注意しよう！

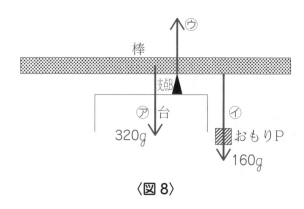

〈図8〉

　いま，⑨は支点からのきょりが0cmなので，モーメントは0だ。⑦は棒を反時計回り（左回り）に回そうとする力，⑦は棒を時計回り（右回り）に回そうとする力なので，それぞれのモーメントのつり合いから，棒の重心から支点Bまでのきょりと，おもりPから支点Bまでのきょりの比は，棒の重さ320gとおもりPの重さ160gの**逆比**である，

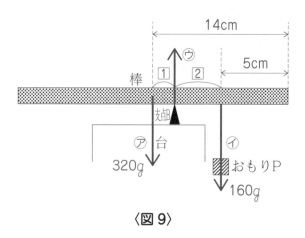

〈図9〉

　　　　160：320 ＝ 1：2

となる。棒の重心の位置や，おもりPの位置を書き入れた図は，上の〈図9〉のようになる。

よって,

$\boxed{3} = 14 - 5 = 9$ cm

ゆえに

∴ $\boxed{1} = 3$ cm,$\boxed{2} = 6$ cm

支点Bは $\boxed{2} - 3 = 6 - 3 = 3$ cm 動いているので,**イ**が答えだ。

問2

> 支点Aと支点Bを**図2**の状態にもどしました。支点Aが棒を支えている力は何 g ですか。次の**ア〜エ**から1つ選び,記号で答えなさい。
>
> **ア** 100 g **イ** 120 g **ウ** 200 g **エ** 240 g

問題の**図2**に,棒にはたらく力を書きこみ,㋐〜㋒の記号をつけ,棒の重心の位置や,棒にはたらく力の位置を書き入れると,次の〈**図10**〉のようになるね。

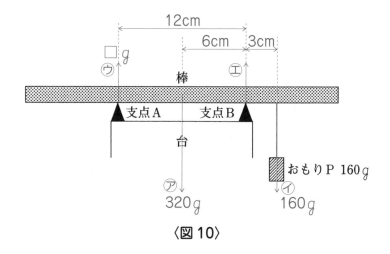

〈**図10**〉

支点Bについて考える。㋓は支点Bからのきょりが0cmなので,モーメントは0だ。㋐は棒を反時計回り(左回り)に回そうとする力,㋑,㋒は棒を時計回り(右回り)に回そうとする力なので,それぞれのモーメントを計算すると,

反時計回り(左回り)…320 × 6

時計回り(右回り)……160 × 3 + □ × 12

棒はつり合っているので,反時計回り(左回り)のモーメントと,時計回り(右回り)のモーメントはつり合っている。よって,

320 × 6 = 160 × 3 + □ × 12

∴□ = 120 g

よって,**イ**が答えだ。

問3

> 図3の支点A（または支点B）の移動が何cmをこえると，棒は支点Bを中心
> に回転しますか。次の**ア**〜**エ**から1つ選び，記号で答えなさい。
>
> **ア** 2cm　　**イ** 3cm　　**ウ** 4cm　　**エ** 5cm

棒が回転しはじめる，ぎりぎりの瞬間について考える。回転しはじめるぎりぎりなの
で，反時計回り（左回り）のモーメントと，時計回り（右回り）のモーメントはつり合っ
ていると考えられるね。かつ，回転しはじめるぎりぎりなので，支点Aと棒はわずかに
はなれていると考えることもできる。つまり，**支点Aから棒に力は生じない。**

この点に注意して，問題の**図3**に，棒にはたらく力を書きこみ，㋐〜㋒の記号をつける
と，右下の〈**図11**〉のようになる。

支点Bについて考える。㋒は
支点からのきょりが0cmなの
で，モーメントは0だ。㋐は棒
を反時計回り（左回り）に回そ
うとする力，㋑は棒を時計回り
（右回り）に回そうとする力なの
で，それぞれのモーメントのつ
り合いから，棒の重心から支点B
までのきょりと，おもりPから
支点Bまでのきょりの比は，棒
の重さ320gとおもりPの重さ
160gの**逆比**である，160:320
＝1:2となる。棒の重心の位置や，
おもりPの位置を書き入れた図
は，右の〈**図12**〉のようになる。

よって，

$$\boxed{3} = 14 - 5 = 9 \text{cm}$$
$$\therefore \boxed{1} = 3 \text{cm}, \boxed{2} = 6 \text{cm}$$

支点B（支点A）の移動が$\boxed{2} - 3 = 6 - 3 = 3$cmをこえると，棒は支点Bを中心に
回転する。よって，**イ**が答えだ。

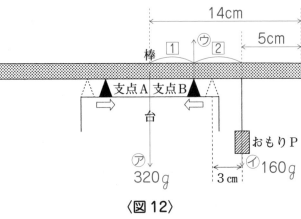

〈図11〉

〈図12〉

問題の**図3**に力を書きこんでいるとき，あっ！ と気づけた人はすばらしい。実は**問1**と同じ状況だと考えることができるんだ。そうすると，すばやく解けてしまうね！

問4

図4のおもりＰの移動が何cmをこえると，棒は支点Ｂを中心に回転しますか。次の**ア**〜**エ**から１つ選び，記号で答えなさい。

ア 1 cm **イ** 2 cm **ウ** 3 cm **エ** 4 cm

問3同様，棒が回転しはじめる，ぎりぎりの瞬間について考える。回転しはじめるぎりぎりなので，反時計回り（左回り）のモーメントと，時計回り（右回り）のモーメントはつり合っていると考えられるね。かつ，回転しはじめるぎりぎりなので，支点Ａと棒はわずかにはなれていると考えることもできる。つまり，**支点Ａから棒に力は生じない**。

この点に注意して，**図4**に，棒にはたらく力を書きこみ，⑦〜㋓の記号をつけ，棒の重心の位置や，棒にはたらく力の位置を書き入れると，次の〈**図13**〉のようになる。

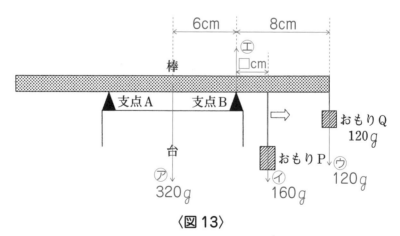

〈図13〉

支点Ｂについて考える。㋓は支点からのきょりが０cmなので，モーメントは０だ。⑦は棒を反時計回り（左回り）に回そうとする力，⑦，⑦は棒を時計回り（右回り）に回そうとする力なので，それぞれのモーメントを計算すると，

反時計回り（左回り）…320 × 6

時計回り（右回り）……160 × □ + 120 × 8

　棒はつり合っているので，反時計回り（左回り）のモーメントと，時計回り（右回り）のモーメントはつり合っている。よって，

320 × 6 = 160 × □ + 120 × 8

∴□ = 6 cm

　おもり P の移動が□ − 3 = 6 − 3 = 3 cm をこえると，棒は支点 B を中心に回転する。よって，**ウ**が答えだ。

支点からのきょりが変わると，
モーメントも変わるんだね。

問題 1 の答え

問1　イ　　問2　イ　　問3　イ　　問4　ウ

次はバットが登場だ。**問題 2** を見てみよう。

問題 2 太さの一様でないてこ

　以下の**問**に答えなさい。数値が割り切れない場合は小数第 2 位を四捨五入して，小数第 1 位まで答えなさい。

問　長さが 84 cm の太さが一様でないバットを糸を使ってつるし，水平にすることを考えます。**図 1** のようにするには 540 g の力が，**図 2** のようにするには 180 g の力が必要でした。**図 3** のように，糸 1 本だけでバットをつるすにはバットの左はしから何 cm のところをつるせばよいですか。また，このとき糸を支える重さは何 g ですか。

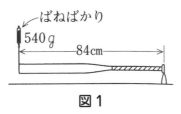

図 1

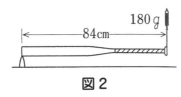

図 2

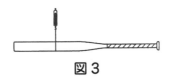

図 3

〈2021 年　開成中学校（改題）〉

　問題1と同じ，**てこ**のお話なので，いきなり解説に入っていくよ！

　問題1のように，棒の太さが一様であれば，棒のちょうど真ん中の点が重心となり，そこに棒の重さがすべてかかっていると考えてよかったよね。

　ただ問題2では，どう見ても太さは一様な棒ではない（問題文中にも一様でないと書いてある）。……だって，バットだもんね。糸1本だけでバットをつるすためには，**重心の位置**がわかればよいね。

　よし！　いつもどおり解いていくよ。問題の**図1**，**図2**に，バットにはたらく力を書きこみ，⑦〜⑦の記号をつけてみると，右上の〈**図14**〉，〈**図15**〉のようになる。⑦はバットの重力であり，重心にかかっている。今回，バットの重さを□gとする。

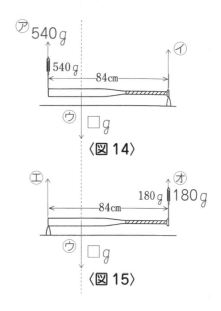

〈図14〉

〈図15〉

　〈**図14**〉について，右はしを**支点**として考える。⑦は右はし（支点）からのきょりが0cmなので，モーメントは0だ。⑦はバットを反時計回り（左回り）に回そうとする力，⑦はバットを時計回り（右回り）に回そうとする力なので，それぞれのモーメントのつり合いから，バットの左はしから右はし（支点）までのきょりと，バットの重心から右はし（支点）までのきょりの比は，右の〈**図16**〉のように，⑦と⑦の力の大きさの**逆比**である□：540となる。

　同様に，〈**図15**〉について，左はしを支点として考える。⑦は左はし（支点）からのきょりが0cmなので，モーメントは0だ。⑦はバットを反時計回り

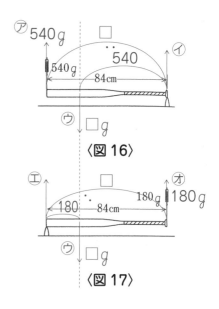

〈図16〉

〈図17〉

（左回り）に回そうとする力，⑦はバットを時計回り（右回り）に回そうとする力なので，それぞれのモーメントのつり合いから，バットの左はし（支点）から右はしまでのきょりと，バットの左はし（支点）から重心までのきょりの比は，上の〈**図17**〉のように，⑦と⑦の力の大きさの逆比である□：180となる。

これらのように，物体がつり合っているときは，どこを支点と考えてもいいんだ。自分の考えた支点に対する反時計回り（左回り）のモーメントと，時計回り（右回り）のモーメントのつり合いを考えればよい。

　左はしや右はしなど，はしっこを支点として考えてみたり，わからない力が複数あるときは，そのどれかの力がはたらく点を支点として考えたりする（その力のモーメントの影響を無視できる！）と，計算しやすくなることが多いよ。

　さて，問題にもどるよ。〈図16〉，〈図17〉より，バットの重心は，

　　バットの左はしから重心：バットの重心から右はし＝ 180：540 ＝ 1：3

の位置であり，

　　　　㋐＝㋓＝ 540 g，　㋑＝㋔＝ 180 g

とわかる。また，バットの上下方向の力のつり合いから，

　　　540 ＋ 180 ＝□
　　　∴□＝ 720 g

とバットの重さもわかる。

　よって，糸1本だけでバットをつるすには，バットの重心の位置である，

　　84 ÷ 4 ＝ 21 cm

のところで，糸を支える重さは，バットの重さである 720 g となる。

〈別解〉

　右のような状況を考える。

　このとき，棒の重さはA＋B〔g〕となることを知っていれば，今回のバットの重さは，

　　540 ＋ 180 ＝ 720 g

とすぐ求めることもできるよ。

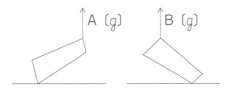

問題2の答え

　左はしから 21 cm，重さは 720 g

最後に, 浮力に関わる問題にチャレンジだ。

問題3　浮力とばねばかり

　浮力についての次の文を読み, 問1〜問4に答えなさい。ただし, 実験に使うひもの重さや体積は無視できるものとして考えなさい。

　水の中にあるものは, それがおしのけた水の重さに等しい力を上向きに受けます。この力を浮力といいます。そのため, 水の中にあるものは, おしのけた水の重さの分だけ軽くなります。浮力はものが液体中で浮くかどうかに大きく関わってきます。

　例えば, 図1のような直方体 (縦5 cm, 横5 cm, 高さ15 cm, 重さ600 g) をひもでつるし, ばねばかりにつなげた状態で, 図2のようにビーカーに入れられた水の中に5 cmしずめる実験をしたところ, ばねばかりのめもりは475 gを指しました。このとき, 直方体がおしのけた水の体積は5 cm × 5 cm × 5 cm = 125 cm^{3}であり, 水は1 cm^{3}あたり1 gの重さがあるので, おしのけた水の重さは125 gです。

　ばねばかりのめもりが475 gを指しているのは, もともとの600 gの直方体が, 浮力によって125 g分軽くなり, 475 gになったと考えられます。

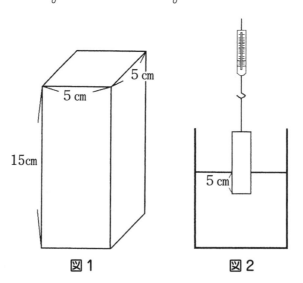

図1　　　　　図2

問1　この実験で直方体を, ビーカーの底に接しないようにすべてしずめたとき, ばねばかりのめもりは何gになると考えられますか。

問2 この**実験**を，水を使わずに食塩水を使って行いました。**実験**に使った食塩水は 1 cm³ あたり 1.08 g の重さがあるとして，直方体を 5 cm しずめたとき，ばねばかりのめもりは何 g になると考えられますか。

問3 **図1**と同じ大きさの直方体（縦 5 cm，横 5 cm，高さ 15 cm）で重さが 250 g の直方体があります。**図3**のようにこの直方体を水に入れたところ，水に浮きました。水面から出ている部分は何 cm ですか。割り切れない場合は，小数第 2 位を四捨五入して小数第 1 位まで求めなさい。

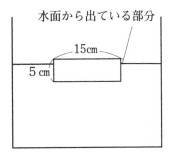

図3

問4 **図4**のような，重さ 300 g の三角柱があります。この三角柱の底面は，底辺 5 cm，高さ 15 cm の二等辺三角形になっています。また，三角柱の高さは 6 cm です。**図4**の点A（辺の真ん中の点）にひもをつけてつるしました。

(1) このひもをばねばかりにつなげて，**図5**のようにビーカーに入れた水の中に 5 cm しずめたとき，ばねばかりのめもりは何 g になると考えられますか。

(2) この三角柱を，ビーカーの底に接しないようにすべてしずめたとき，ばねばかりのめもりは何 g になると考えられますか。

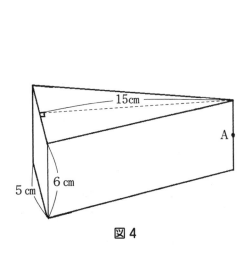

図4

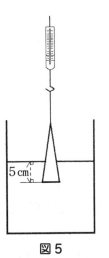

図5

〈2021年　山手学院中学校（改題）〉

知識の整理

浮力（ふりょく）

さて，みなさん！ プールに入ったことはあるかな？ 僕は小学生のころ，泳ぐ（ぼく）ことができなくて苦労しました。なかなか体が浮（う）かなくて……。

けれど，人間の体は水に浮くようにできているらしい。泳げる人も泳げない人も，今は，体は絶対に浮くんだという強い気持ちで，右の〈図18〉を想像してほしい。

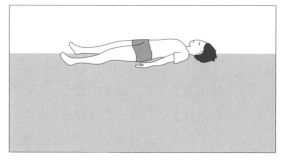

〈図18〉

さて，体にはたらく力を考えてみよう。まずは重力について。体の重心に，重力が真下の方向にはたらくこと，**問題1**の**知識の整理**で学んだね！ 体の重心を仮定して，右の〈図19〉のように，重力（↓）を書きこんでみる。

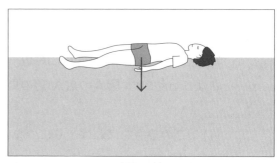

〈図19〉

さて，体にはたらく力はこれだけかな？ この力だけでは，体は水の底にしずんでいってしまう……あっ！ と気づいただろうか。これも，**問題1**の**知識の整理**で学んだことだけれど，力とは，ふつう**物体がふれ合うときに生まれる**ものだったね。

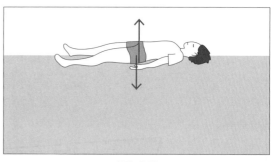

〈図20〉

今回，**体は水にふれている！** ということは，水から体に何かしらの力がはたらき，その力と〈図19〉で書きこんだ重力のおかげで，体が水に浮いているはずだ。

今回，体が回転せず，移動もせず浮いているものとすると，水から体にはたらく力は，上の〈図20〉の↑のような，重力と同じ大きさで真上向きの力であるはずだと考えられる。このような，水から体にはたらく力を**浮力**（ふりょく）とよぶよ。

浮力は，かの有名な**アルキメデス**が発見し，その名がついたアルキメデスの原理で説明される。

浮力の大きさは，**その物体がおしのけた水や溶液の重さに等しい**ことがわかっているよ。その物体が水や溶液にしずんでいる体積と，水や溶液の密度（1 cm³ あたりの重さ）から，おしのけた水や溶液の重さを考えることで，その大きさを求められるね。

さらなる高みへ

> 水や溶液中にある物体には，水や溶液の重さによる力がはたらく。この力は，水深が大きいほど大きく，物体のすべての面に対し，物体に向かってはたらくんだ。

では，**問題 3** の解説に入ろう。

問題 3 の解説

問 1

> この**実験**で直方体を，ビーカーの底に接しないようにすべてしずめたとき，ばねばかりのめもりは何 g になると考えられますか。

右下の〈**図 21**〉のような，問題文の条件に合う図を書き，直方体にはたらく力を書きこみ，㋐〜㋒の記号をつけてみた。

㋐は**直方体の重力**，㋑は**浮力**，㋒は**ばねばかりにつながる糸が直方体を引く力**だ。

㋐について，直方体の重さは 600 g。

㋑について，直方体の水にしずんだ部分の体積は，

$$5 \times 5 \times 15 = 375 \ \text{cm}^3$$

水は 1 cm³ あたり 1 g の重さがあるので，直方体がおしのけた水の重さは，

$$375 \times 1 = 375 \ g$$

直方体の上下方向の力のつり合いから，

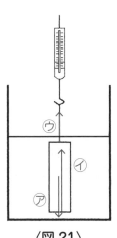

〈**図 21**〉

$$⑦ + ⑦ = ⑦$$

$$375 + ⑦ = 600$$

$$∴⑦ = 225\ g$$

よって，ばねばかりのめもりは **225 g** になる，これが答えだ。

問2

> この**実験**を，水を使わずに食塩水を使って行いました。**実験**に使った食塩水は 1 cm³ あたり 1.08 g の重さがあるとして，直方体を 5 cm しずめたとき，ばねばかりのめもりは何 g になると考えられますか。

右の〈図22〉のような，問題文の条件に合う図を書き，直方体にはたらく力を書きこみ，⑦〜⑦の記号をつけてみた。

⑦は**直方体の重力**，⑦は**浮力**，⑦は**ばねばかりにつながる糸が直方体を引く力**だ。

⑦について，直方体の重さは 600 g。

⑦について，直方体の食塩水にしずんだ部分の体積は，

$$5 × 5 × 5 = 125\ cm^3$$

食塩水は 1 cm³ あたり 1.08 g の重さがあるので，直方体がおしのけた食塩水の重さは，

$$125 × 1.08 = 135\ g$$

直方体の上下方向の力のつり合いから，

$$⑦ + ⑦ = ⑦$$

$$135 + ⑦ = 600$$

$$∴⑦ = 465\ g$$

よって，ばねばかりのめもりは **465 g** になる，これが答えだ。

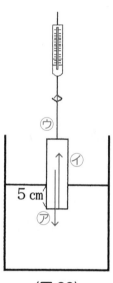

〈図22〉

問3

図1と同じ大きさの直方体（縦5cm，横5cm，高さ15cm）で重さが250gの直方体があります。図3のようにこの直方体を水に入れたところ，水に浮きました。水面から出ている部分は何cmですか。割り切れない場合は，小数第2位を四捨五入して小数第1位まで求めなさい。

右の〈図23〉のような，問題文の条件に合う図を書き，直方体にはたらく力を書きこみ，⑦，④の記号をつけてみた。

⑦は**直方体の重力**，④は**浮力**だ。

⑦について，直方体の重さは250g。

④について，直方体の水にしずんだ部分の体積は，

$$5 \times 15 \times \square \ \text{cm}^3$$

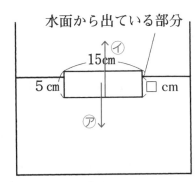

〈図23〉

水は1cm³あたり1gの重さがあるので，直方体がおしのけた水の重さは，

$$5 \times 15 \times \square \times 1 \ g$$

直方体の上下方向の力のつり合いから，

$$④ = ⑦$$

$$5 \times 15 \times \square \times 1 = 250$$

$$\therefore \square = \frac{10}{3} \ \text{cm}$$

直方体のしずんだ高さが$\frac{10}{3}$cmなので，水面から出ている部分は，

$$5 - \frac{10}{3} = \frac{5}{3} = 1.66 \ \text{cm}$$

小数第2位を四捨五入して**1.7 cm**，これが答えだ。

問4

図4のような，重さ300gの三角柱があります。この三角柱の底面は，底辺5cm，高さ15cmの二等辺三角形になっています。また，三角柱の高さは6cmです。図4の点A（辺の真ん中の点）にひもをつけてつるしました。

(1) このひもをばねばかりにつなげて，図5のようにビーカーに入れた水の中に5cmしずめたとき，ばねばかりのめもりは何gになると考えられますか。

(2) この三角柱を，ビーカーの底に接しないようにすべてしずめたとき，ばねばかりのめもりは何gになると考えられますか。

(1) 右の〈図24〉のような，問題文の条件に合う図を書き，三角柱にはたらく力を書きこみ，⑦〜⑦の記号をつけてみた。

⑦は**三角柱の重力**，⑦は**浮力**，⑦は**ばねばかりにつながる糸が三角柱を引く力**だ。

⑦について，三角柱の重さは300g。

⑦について，三角柱の水にしずんだ部分の体積を計算するわけだけれど……これは，もはや算数の問題みたいだね！

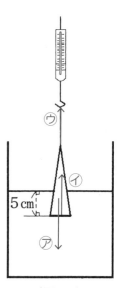

〈図24〉

三角柱を，〈図24〉の正面方向から見た右下の〈図25〉から考えると，三角柱の水にしずんだ部分の体積は，

$$\left(5 \times 15 \div 2 - \frac{10}{3} \times 10 \div 2\right) \times 6 = 125 \text{ cm}^3$$

水は1cm³あたり1gの重さがあるので，三角柱がおしのけた水の重さは，

$$125 \times 1 = 125 \text{ g}$$

三角柱の上下方向の力のつり合いから，

$$⑦ + ⑦ = ⑦$$
$$125 + ⑦ = 300$$
$$\therefore ⑦ = 175 \text{ g}$$

よって，ばねばかりのめもりは**175g**になる，これが答えだ。

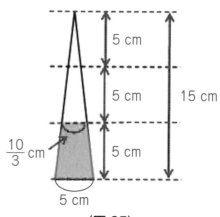

〈図25〉

(2) 右の〈図26〉のような，問題文の条件に合う図を書き，三
角柱にはたらく力を書きこみ，㋐〜㋒の記号をつけてみた。

**㋐は三角柱の重力，㋑は浮力，㋒はばねばかりにつながる糸が
三角柱を引く力**だ。

㋐について，三角柱の重さは 300 g。

㋑について，三角柱の水にしずんだ部分の体積は，

$$5 \times 15 \div 2 \times 6 = 225 \text{ cm}^3$$

水は 1 cm^3 あたり 1 g の重さがあるので，三角柱がおしのけ
た水の重さは，

$$225 \times 1 = 225 \text{ g}$$

三角柱の上下方向の力のつり合いから，

$$㋑ + ㋒ = ㋐$$
$$225 + ㋒ = 300$$
$$\therefore ㋒ = 75 \text{ g}$$

よって，ばねばかりのめもりは **75 g** になる，これが答えだ。

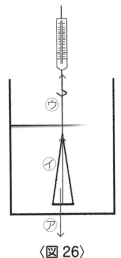

〈図26〉

問題3の答え

問1　225 g　　問2　465 g　　問3　1.7 cm　　問4　(1)　175 g　(2)　75 g

　はーい，力のつり合い，いかがだったでしょうか。計算がもりだくさんの分野だったね！
よく復習してくださいね。

電流とそのはたらき

ニュートンくん

本講では，**電流とそのはたらき**について学びます。それでは**問題1**を見てみよう。

| 問題1 | 電流と電流計，豆電球の明るさ |

回路について，**問1**〜**問5**に答えなさい。

電流とは電気の流れのことで，その量は**図1**のような電流計ではかることができます。電流の単位は〔A〕が使われていて，1000 mA は 1 A です。

図2の回路で豆電球に流れる電流の大きさを電流計ではかってみたところ，0.32 A でした。

回路に用いる豆電球と電池はすべて同じものとします。

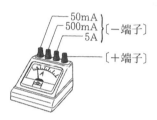

50mA
500mA ⎫〔−端子〕
5A ⎰
〔＋端子〕

図1

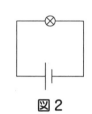

図2

問1 このとき接続する**図1**の電流計の「−端子」としてふさわしくないものを次の**ア**〜**ウ**から1つ選び，記号で答えなさい。

ア 50 mA **イ** 500 mA **ウ** 5 A

問2 このとき電流計の接続のしかたとして正しいものを次の**ア**〜**エ**から1つ選び，記号で答えなさい。

ア 豆電球に対して並列に，そして電流が電流計の「＋端子」から入って，「−端子」から出ていくように接続する。

イ 豆電球に対して並列に，そして電流が電流計の「−端子」から入って，「＋端子」から出ていくように接続する。

ウ 豆電球に対して直列に，そして電流が電流計の「＋端子」から入って，「－端子」から出ていくように接続する。

エ 豆電球に対して直列に，そして電流が電流計の「－端子」から入って，「＋端子」から出ていくように接続する。

　図3，図4の回路の豆電球A～Dに流れる電流をはかってみたところ，AとBは0.16 A，CとDは0.32 Aでした。図2の豆電球の明るさとくらべてみるとCとDは同じ明るさで，AとBは暗くなっていました。また，図4の電池に流れる電流は0.64 Aでした。

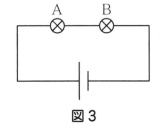

図3

問3 図3の電池に流れる電流の大きさ〔A〕を答えなさい。

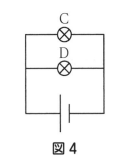

図4

問4 3つの豆電球E～Gを用いて図5の回路をつくりました。このとき電池には0.21 Aの電流が流れました。図2～図4での豆電球の明るさを参考にして，図5の豆電球の明るさについて正しいものを次の**ア**～**オ**の中から1つ選び，記号で答えなさい。

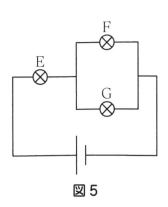

図5

ア EとAは同じ明るさである。

イ FとGはCとDより明るい。

ウ EはFとGより暗い。

エ FとGはBと同じ明るさである。

オ EはCとDより暗い。

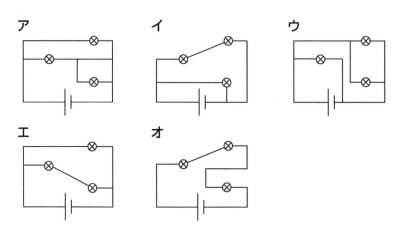

問5　3つの豆電球に流れる電流の大きさがすべて 0.32 A になる回路として正しいものを次の**ア〜オ**の中から 1 つ選び，記号で答えなさい。

ア　　　　　　　　　イ　　　　　　　　　ウ

エ　　　　　　　　　オ

〈2021 年　国学院大学久我山中学校（改題)〉

知識の整理

電流計

　次の〈**図1**〉のように，乾電池(かんでんち)に豆電球をつなぐと，電流が〈**図2**〉のように流れ，豆電球が光る。

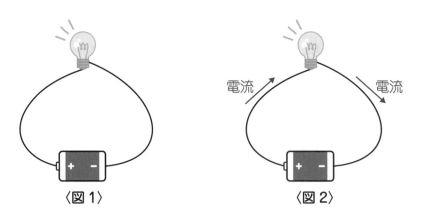

電流　　　　　　　電流

〈図1〉　　　　　　　　〈図2〉

　さて，この豆電球に流れる電気をはかりたいとき，どこに〈**図3**〉のような電流計をつなぐとよいかな？

そうだ！〈図4〉のように電流計をつなぐとよいんだね。電流計をつなぐことで，豆電球に1秒あたりに流れる電気の量をはかっている。つまり電流計は，**あるところを1秒あたりに通りすぎる電気の量**をはかる装置だ！

この，**あるところを1秒あたりに通りすぎる電気の量**のことを**電流**とよぶよ。ふつう，電流の単位はA（アンペア）で表すんだ。

ちなみに，〈図2〉のような，乾電池に豆電球をつなぐ状況（じょうきょう）では，流れる電流は少ないので，電流の単位はAのかわりにmA（ミリアンペア）を用いることも多いよ。AとmAの関係は，次のとおり。

　　1 A = 1000 mA

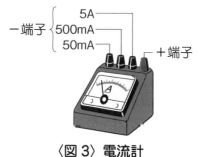

〈図3〉電流計

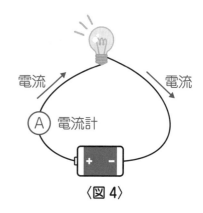

〈図4〉

🚀 **さらなる高みへ**

m（メートル）やkg（キログラム），s（秒）など，国際的に定められ，世界中で広く用いられている単位を国際単位系（SI）というよ。そんな国際単位系（SI）の前につけられる接頭語があり，mAのm（ミリ）などがそれにあたる。例えば，k（キロ）は1000，c（センチ）は$\frac{1}{100}$，m（ミリ）は$\frac{1}{1000}$を表す接頭語だ。

算数で出てくる，d（デシ）なんかも$\frac{1}{10}$を表す接頭語だよ。いろんな科目の知識がつながってくるね！

さて，電流計の使い方でよく問われることがらをまとめていこう。まず……電流計の**＋端子（たんし）には電池の＋極，電流計の－端子には電池の－極をつなぐこと**。＋端子はふつう赤色，－端子はふつう黒色だ。

次に，－端子の使い方についてだ。〈図3〉のように，－端子は3つもある！ これらは何がちがうかな？……そうだ，**はかることのできる最大の電流の大きさがちがう**んだ！ 端子の数字は，針が一番右はしにきたところのめもりの値を指している。

では，次ページの〈図5〉のようなとき，流れる電流の大きさはいくらかな？

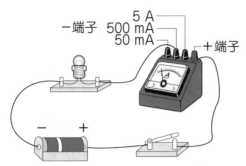
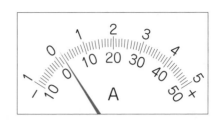

〈図5〉（右図は電流計のめもりを表すものとする）

そうだね，一番右はしのめもりの値が500 mAなので，**20 mA**を表しているよ。

電流計を用いて電流の大きさをはかるわけだけど，はかりたい電流がどんな大きさかわからないとき，－端子(たんし)に導線をどうつないでいくとよいかな？　正解は……**端子の数字が大きい値のほう，つまり5 Aの－端子からつないでいくということ。**

だって，もし端子の数字，つまりはかることのできる最大の電流より大きな値の電流が流れていたら，針が右にふり切ってしまい，電流計がこわれてしまうおそれがあるからね。大きい値の端子からつないで，針のふれはばが小さいときは，より小さい値の端子につなぎ替(か)えて，めもりを見やすくしよう。なお，電流計は**電流の大きさをはかりたい場所に直列になるようつなぐこと。**直列につなぐことで，豆電球に流れる電流と，電流計に流れる電流の値が等しくなるはずだ。並列につなぐと，電流計に大きな電流が流れてしまい，電流計がこわれてしまうから気をつけてね。

🔵 電流の正体

ところで，**電流**とはいったい何者なんだろう。

実は，〈**図1**〉のような回路をつくると，電池の－極から＋極に向かって**電子**という－の電気をもった小さいつぶが流れるんだ。電流というものは，電池の＋極から－極に＋の電気をもった小さいつぶが流れているとする概念(がいねん)だ。

中学入試では，この電流という概念を用いて，流れる電気の大きさを考えていく。回路ができると，**電池の＋極から－極に電流が流れると考えること，**しっかりとおさえておこう！

🚀 さらなる高みへ

> 電磁気学の創始者の一人であるアンドレ＝マリ・アンペールは，電気を帯びた無数の微小粒子(び しょうりゅうし)が導線を流れていると考えた。当時この理論は他の科学者には受け入れられなかったが，その60年後に電子が発見され，彼(かれ)の理論が注目されることになった。そんな彼の名はA（アンペア）の単位の由来になっているよ。

豆電球に流れる電流の大きさ

では，豆電球に流れる電流の大きさを考える。右の〈図6〉を基準としよう。このとき，豆電球に流れる電流の大きさを**1**とする。

〈図7〉では，電池が2つ**直列**につながったときを考える。このとき，〈図6〉の豆電球よりも豆電球は明るくなる。**電池が2つ直列に並ぶと，豆電球に流れる電流の大きさは2倍となる**と考えられるんだ。なので，このとき豆電球に流れる電流の大きさは**2**とわかる。

次に，〈図8〉では，電池が2つ**並列**につながったときを考える。このとき，豆電球の明るさは，〈図6〉の豆電球の明るさと等しくなっている。ということは，**電池が2つ並列に並んでも，豆電球に流れる電流の大きさは変わらない**と考えられるんだ。なので，このとき，豆電球に流れる電流の大きさは**1**とわかる。

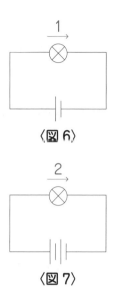

〈図6〉

〈図7〉

電池に流れる電流の大きさ

今度は，さきほどの〈図6〉～〈図8〉において，電池に流れる電流の大きさを考えよう。

まず，〈図6〉のとき。1つの回路の中では，流れる電流の大きさは等しいので，電池に流れる電流の大きさも**1**となる。

次に，〈図7〉について，ああ！ わかったぞ，こうだ！ なんて下の図のように言ってる人が，とっても多い。

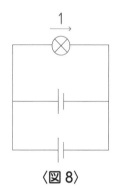

〈図8〉

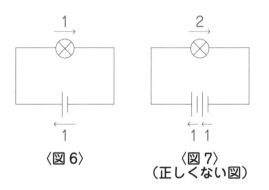

〈図6〉

〈図7〉
（正しくない図）

実は，これは**よくある間違い**！ 〈図7〉のとき，実際には〈図6〉の電池より電池のもちが悪い。〈図6〉同様，**1つの回路では流れる電流の大きさは等しい**ので，右図のように，**それぞれの電池に流れる電流の大きさも2**となる。それぞれの電池に流れる電流の大きさが，〈図6〉の電池に流れる電流の大きさより大きいので，電池のもちが悪くなったわけだね。気をつけよう！

〈図7〉
（正しい図）

最後に，〈図8〉について。このとき，それぞれの電池は，実際には〈図6〉の電池より電池のもちがよい。流れる電流が電池を流れる前のところで二手に分かれるので，**それぞれの電池に流れる電流の大きさは $\frac{1}{2}$ となる**。また，電池を流れたあとの電流は，合流して大きさが 1 となって，豆電球に向かっている。

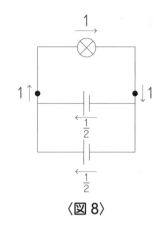

〈図8〉

● 豆電球が複数あるときの，豆電球，電池に流れる電流の大きさ

では，ここからは，豆電球が複数ある場合を考えていこう。まず右の〈図9〉について，**豆電球が2つ直列につながるとき**を考える。

このとき，それぞれの豆電球の明るさは〈図6〉の豆電球にくらべて暗くなる。**豆電球を直列につなぐと，電流は流れにくくなる**んだね。豆電球が2つなので，それぞれの豆電球に流れる電流の大きさは $\frac{1}{2}$ となる。また，1つの回路の中では，流れる電流の大きさは等しいので，電池に流れる電流の大きさも $\frac{1}{2}$ となる。

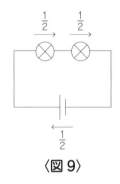

〈図9〉

次に，〈図10〉について，**豆電球が2つ並列につながるとき**を考える。

このとき，それぞれの豆電球の明るさは〈図6〉の豆電球と変わらない。**豆電球を並列につないでも，流れる電流の大きさは変わらない**んだね。なので，それぞれの豆電球に流れる電流の大きさは1となる。では，電池に流れる電流の大きさは……？

もうわかったかな！？ そうだね，〈図8〉と同じように考えればよいんだ。**豆電球を流れたあとの電流が，電池を流れる前のところで合流する**ので，電池に流れる電流の大きさは2となるよ。実際，〈図6〉の電池より電池のもちは悪くなる。ばっちりかな！？

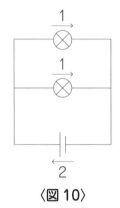

〈図10〉

問1

> このとき接続する**図1**の電流計の「−端子」としてふさわしくないものを次
> の**ア**〜**ウ**から 1 つ選び，記号で答えなさい。
>
> **ア** 50 mA **イ** 500 mA **ウ** 5 A

図2の回路では 0.32 A，つまりは 320 mA の電流が流れているので，**ア**の最大が 50
mA の−端子では針が右にふり切れてしまうね。**イ**の最大が 500 mA，**ウ**の最大が 5 A
の−端子だと，ふり切れずに電流の大きさをはかることができるはずだ。よって，ふさ
わしくない−端子は**ア**，これが答えだ。

エネルギー

問2

> このとき電流計の接続のしかたとして正しいものを次の**ア**〜**エ**から 1 つ選び，
> 記号で答えなさい。
>
> **ア** 豆電球に対して並列に，そして電流が電流計の「＋端子」から入って,「−
> 端子」から出ていくように接続する。
> **イ** 豆電球に対して並列に，そして電流が電流計の「−端子」から入って,「＋
> 端子」から出ていくように接続する。
> **ウ** 豆電球に対して直列に，そして電流が電流計の「＋端子」から入って,「−
> 端子」から出ていくように接続する。
> **エ** 豆電球に対して直列に，そして電流が電流計の「−端子」から入って,「＋
> 端子」から出ていくように接続する。

こちらは**知識の整理**で学習したとおりだ。電流計は，電流の大きさをはかりたい豆電
球に対して直列に，電流計の＋端子には電池の＋極，電流計の−端子には電池の−極を
つなげばよいので，これらを満たす**ウ**が答えとなるね。

第 **10** 講 電流とそのはたらき

問3

> 　図3，図4の回路の豆電球A〜Dに流れる電流をはかってみたところ，AとBは0.16 A，CとDは0.32 Aでした。図2の豆電球の明るさとくらべてみるとCとDは同じ明るさで，AとBは暗くなっていました。また，図4の電池に流れる電流は0.64 Aでした。

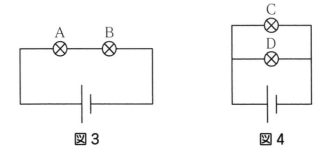

図3　　　　　　　図4

> 　図3の電池に流れる電流の大きさ〔A〕を答えなさい。

　こちらも**知識の整理**で，たっぷりと解説したとおりだ。問題の**図2**の豆電球に流れる電流の大きさを1とすると，電池に流れる電流の大きさも1となる。**図3**の豆電球A，Bに流れる電流の大きさはそれぞれ$\dfrac{1}{2}$，電池に流れる電流の大きさも$\dfrac{1}{2}$，**図4**の豆電球C，Dに流れる電流はそれぞれ1，電池に流れる電流の大きさは2となる。**図2**の豆電球に流れる電流の大きさは0.32 Aより，

$$\dfrac{1}{2} : 1 = \square : 0.32$$

∴ $\square$＝ 0.16 A

よって，**図3**の電池に流れる電流の大きさは**0.16 A**とわかる。

3つの豆電球E～Gを用いて**図5**の回路をつくりました。このとき電池には0.21 Aの電流が流れました。**図2**～**図4**での豆電球の明るさを参考にして、**図5**の豆電球の明るさについて正しいものを次の**ア**～**オ**の中から1つ選び, 記号で答えなさい。

ア EとAは同じ明るさである。

イ FとGはCとDより明るい。

ウ EはFとGより暗い。

エ FとGはBと同じ明るさである。

オ EはCとDより暗い。

図5

図5の回路, 直列のところもあるし, 並列のところもあるように見える。この問題を解くためには, **知識の整理**の〈**図6**〉～〈**図10**〉について, もう少し深く考えてみる必要がある。

まずは〈**図6**〉について。電池に豆電球をつなぐと電流が流れるわけだけれど, それは, 電池には**電圧**という, 電流を流そうとするはたらきがあるからなんだ。

豆電球には, 〈**図9**〉での説明からもわかるとおり, 電流を流れにくくするはたらきがあり, このような**電流を流れにくくする装置**を**抵抗**とよぶよ。電池の電圧の大きさを1, 豆電球1つの抵抗の大きさを1としたとき, 豆電球を流れる電流の大きさは1となっているんだ。このとき, **電流の大きさ＝$\dfrac{電圧の大きさ}{抵抗の大きさ}$**という関係が成りたっている。

さらなる高みへ

このような, 回路を流れる電流の大きさは, 電圧の大きさに比例し, 抵抗の大きさに反比例するという法則を, オームの法則というよ。

次に, 〈**図9**〉について。豆電球を2つ直列につないだとき, 電池を流れる電流の大きさは$\dfrac{1}{2}$となっている。このとき電池の電圧の大きさは〈**図6**〉と変わらず1なので, 豆電球を2つ直列につないだときの, 豆電球2つを合わせた抵抗の大きさは,

電流の大きさ＝$\dfrac{電圧の大きさ}{抵抗の大きさ}$より,

$$\frac{1}{2} = \frac{1}{\square}$$

ゆえに
$$\therefore \square = 2$$

と計算できる。

　もし豆電球を3つ直列につないだときだったら……電流の大きさは $\frac{1}{3}$，豆電球3つを合わせた抵抗の大きさは3と計算できるよ。

　実は，豆電球を複数直列につないだときの，複数の豆電球を合わせた抵抗の大きさは，その複数の豆電球の抵抗の大きさの和で考えることができるんだ。

　また，〈図10〉について。豆電球を2つ並列につないだとき，電池を流れる電流の大きさは2となっている。このとき電池の電圧の大きさは〈図6〉と変わらず1なので，豆電球を2つ並列につないだときの，豆電球2つを合わせた抵抗の大きさは，

$$電流の大きさ = \frac{電圧の大きさ}{抵抗の大きさ}　より，$$

$$2 = \frac{1}{\square}$$

$$\therefore \square = \frac{1}{2}$$

と計算できる。

　もし豆電球を3つ並列につないだときだったら……電流の大きさは3，豆電球3つを合わせた抵抗の大きさは $\frac{1}{3}$ と計算できるよ。

　実は，豆電球を複数並列につないだときの，複数の豆電球を合わせた抵抗の大きさの逆数は，その複数の豆電球の抵抗の大きさの逆数の和で考えることができるんだ。

　では，問題にもどろう。**図2**において，電池の電圧の大きさを1，豆電球1つの抵抗の大きさを1，豆電球を流れる電流の大きさを1とする。

　問題の**図5**において，豆電球F，Gを合わせた抵抗の大きさは，〈図10〉のように考えれば，

$$\frac{1}{\square} = \frac{1}{1} + \frac{1}{1}$$

$$\therefore \square = \frac{1}{2}$$

　では，豆電球E〜Gを合わせた抵抗の大きさは……そうだ！〈図9〉のように考えれば，

$$\triangle = 1 + \frac{1}{2}$$

$$\therefore \triangle = \frac{3}{2}$$

と計算できるね。

電池の電圧の大きさは 1 なので，電流の大きさ $= \dfrac{\text{電圧の大きさ}}{\text{抵抗の大きさ}}$ より，流れる電流の

大きさは，

$$\bigcirc = \dfrac{1}{\dfrac{3}{2}}$$

$$\therefore \bigcirc = \dfrac{2}{3}$$

となるね。

よって，豆電球 E〜G に流れる電流の大きさは，

$$1 : \dfrac{2}{3} : \dfrac{1}{3} : \dfrac{1}{3} = 0.32 : \bigcirc\!\!\!\!\!\bigcirc : \blacksquare : \blacktriangle$$

$$\therefore \bigcirc\!\!\!\!\!\bigcirc = 0.213\,\text{A}, \quad \blacksquare = \blacktriangle = 0.106\,\text{A}$$

E…0.213 A，F…0.106 A，G…0.106 A とわかる。

豆電球に流れる電流の大きさが大きいほど豆電球は明るく光るわけだから，豆電球 A 〜 G の明るい順は，C ＝ D ＞ E ＞ A ＝ B ＞ F ＝ G となるね。この条件にあてはまる**オ**，これが答えだ。

問5

3つの豆電球に流れる電流の大きさがすべて 0.32 A になる回路として正しいものを次の**ア**〜**オ**の中から 1 つ選び，記号で答えなさい。

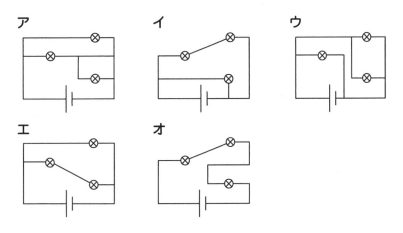

さて，**問題 1** の最終問題。ぐにゃりぐにゃりと回路が曲がりくねっているね。こんなときは，自分の見やすい回路になるよう図を書きかえることが大切だ。これは，問題 2 のスイッチ回路のときにもとても有効な考え方だよ。

分岐するところは並列回路になることに注意しながら，電池から流れ出る電流が，電池に流れこむまでをたどっていくといいよ。

　ア〜オの回路について，〈図6〉〜〈図10〉のように見やすく書きかえると，次の〈図11〉のようになる。

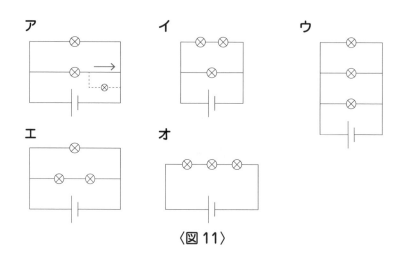

〈図11〉

　アの点線部には……そう！　電流は流れないよね。だって，**電池から流れ出る電流が，豆電球を通らずに電池に流れこめる道（アの――のところ）があるもんね。豆電球などの抵抗は電流を流れにくくするはたらきがあるわけだから，抵抗を通らない道があるならば，そちらの道を通って電流は流れるはずだ。**

　図2の豆電球を流れる電流の大きさを1とすると，ア〜オの回路における，豆電球を流れる電流の大きさは次の〈図12〉のようになる。

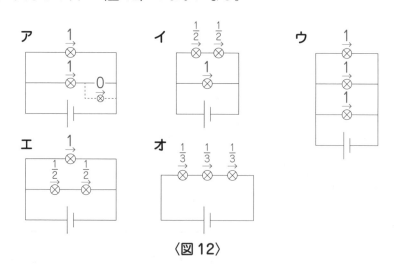

〈図12〉

　よって，3つの豆電球を流れる電流の大きさが，図2の豆電球を流れる電流の大きさである 0.32 A とすべて同じになる回路は**ウ**，これが答えだ。

問題1の答え

問1 ア　　**問2** ウ　　**問3** 0.16 A　　**問4** オ　　**問5** ウ

問題2　スイッチ回路

次の文を読み，**問1**〜**問5**に答えなさい。

電池などの電源が電熱線などに電流を流そうとするはたらきを「電圧」，電熱線などがもつ電流の流しにくさを「抵抗（電気抵抗）」といいます。常に一定の大きさの電圧をあたえる電源に，同じ抵抗の電熱線をいくつかつないで，いろいろな回路をつくり，流れる電流の大きさを調べる**実験1**〜**実験3**を行いました。

実験1

1本の電熱線Pだけを電源につないだところ，120 mAの電流が流れた。

実験2

図1のように，2本の電熱線P，Qを直列につないで電源につないだところ，電熱線Pを流れる電流は60 mAであった。3本の電熱線P，Q，Rを直列につないだ場合は，電熱線Pに流れる電流は40 mAであった。また，3本の電熱線P，Q，Sを直列につないだ場合も，電熱線Pに流れる電流は40 mAであった。

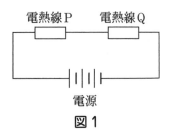

電熱線P　　電熱線Q

電源
図1

実験3

2本の電熱線P，Qを並列につないで電源につないだところ，電熱線Pに流れる電流は120 mAであった。

問1　**実験1**，**実験2**の結果をもとにすると，4本の電熱線P，Q，R，Sを直列につないで電源につないだ場合，電熱線Pを流れる電流は何mAになりますか。

問2　**実験3**で，電源から出ていく電流は何mAになりますか。

次に，4本の電熱線P，Q，R，Sとスイッチ A ～ E を用いて，**図2** のような回路をつくりました。電源は**実験1 ～ 実験3**に用いたものと同じものとします。

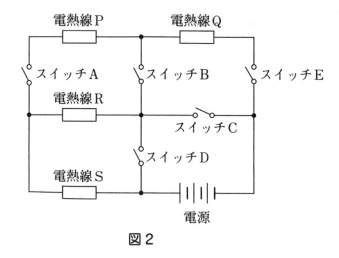

図2

問3　スイッチ A と E だけを入れたとき，電熱線 S を流れる電流は何 mA になりますか。流れない場合は 0 mA と答えなさい。

問4　スイッチ A，C，E だけを入れたとき，電熱線 P には 24 mA の電流が流れました。このとき，電熱線 R を流れる電流は何 mA になりますか。流れない場合は 0 mA と答えなさい。

問5　4本の電熱線 P，Q，R，S のすべてに電流が流れるようなスイッチの入れ方（入れるスイッチの組み合わせ）は何通りありますか。

〈2021年　専修大学松戸中学校（改題）〉

知識の整理

● 抵抗

　問題1にも出てきたけれど，**豆電球や電熱線のような，電流を流れにくくする装置**を**抵抗**というよ。抵抗の大きさの単位は Ω（オーム）を用いることが多いよ。抵抗が豆電球から電熱線に変わっただけで，解く流れは基本的に**問題1**と変わらない。**抵抗を通らない道があるならば，そちらの道を通って電流は流れる**ことに注意してね。

問1

まずは**実験1**についての図を書き，電熱線や電源に流れる電流の大きさを書き入れると，下の〈**図13**〉のようになる。

同様に，**実験2の図1**に電熱線や電源に流れる電流の大きさを書き入れると，〈**図14**〉のようになる。

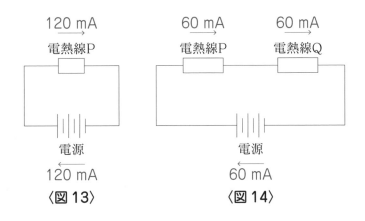

〈図13〉　　　　　　　　　〈図14〉

最後に，**実験2**の3本の電熱線P，Q，Rを直列につないで電源につないだ場合，3本の電熱線P，Q，Sを直列につないで電源につないだ場合についての図を書き，電熱線や電源に流れる電流の大きさを書き入れると，次の〈**図15**〉のようになる。

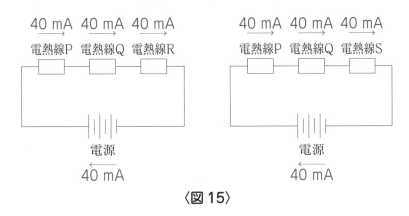

〈図15〉

〈**図13**〉～〈**図15**〉を見くらべると，電熱線の数と，電熱線に流れる電流の大きさが反比例していることがわかる。つまり今回，**電熱線 P，Q，R，S の抵抗の大きさはすべて等しい**ことがわかるんだ。

ということは，4本の電熱線P，Q，R，Sを直列につないで電源につないだ場合は

……120 ÷ 4 = 30 mA の電流が電熱線に流れる，とわかるね。

　電熱線Ｐを流れる電流は **30 mA**，これが答えだ。

問2

　実験3 についての図を書き，電熱線や電源に流れる電流の大きさを書き入れると，右の〈**図16**〉のようになる。

　よって，**実験3** で電源から出ていく電流は **240 mA**，これが答えだ。

〈図16〉

問3

　スイッチ A, E だけを入れたときの図を書くと，右の〈**図17**〉のようになる。

　問題1 の **問5** でやったように，自分の見やすい図に書きかえられたかな？ **分岐するところは並列回路になる**ことに注意しながら，電池から流れ出る電流が，電池に流れこむまでをたどっていくんだ。スイッチを入れず電流が流れないところは書かないようにすると，図が見やすくなるよ。**抵抗を通らない道があるならば，そちらの道を通って電流は流れる**こともお忘れなく。

　さて，〈**図17**〉は **実験2** で考えた〈**図15**〉とまったく同じだ！ よって，〈**図17**〉に電熱線や電源に流れる電流の大きさを書き入れると，〈**図18**〉のようになる。

　電熱線Ｓを流れる電流は **40 mA**，これが答えだ。

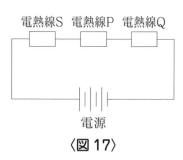

〈図17〉

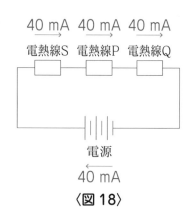

〈図18〉

問4

スイッチA，C，Eだけを入れたときの図を書くと，右の〈図19〉のようになる。

電熱線P，Qに流れる電流の大きさと，電熱線Rに流れる電流の大きさの比は，電圧の大きさが等しいので，

$$電流の大きさ＝\frac{電圧の大きさ}{抵抗の大きさ}$$

から考えると，電熱線P，Qを合わせた抵抗の大きさと，電熱線Rの抵抗の大きさの逆比となるね。よって，電熱線Rを流れる電流は，

$$1：2＝24：□$$

$$□＝48\ mA$$

電熱線Rを流れる電流は **48 mA**，これが答えだ。

ちなみに，〈図19〉に電熱線や電源に流れる電流の大きさを書き入れると，〈図20〉のようになる。

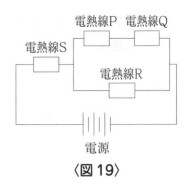

〈図19〉

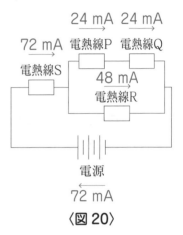

〈図20〉

問5

まずは電熱線Pについて，ここに電流を流すためには，スイッチAをつながなければならない。**抵抗を通らない道があるならば，そちらの道を通って電流は流れてしまうからね。**

同様に，電熱線Qについて，ここに電流を流すためには，スイッチEをつながなければならない。スイッチA，Eは入れるものとして，それ以外の残りのスイッチB，C，Dについて，場合を分けて図を書き，考えていこう。

①スイッチBを入れるとき

右の〈図21〉より，**電熱線P，Q，R，Sすべてに電流が流れる。**

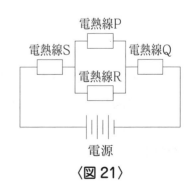

〈図21〉

②スイッチCを入れるとき

　これは**問4**ですでに考えたところだね。**問4**より，電熱線P，Q，R，Sすべてに電流が流れる。

③スイッチDを入れるとき

　右の〈**図22**〉より，電熱線P，Q，R，Sすべてに電流が流れる。

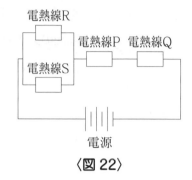

〈**図22**〉

④スイッチB，Cを入れるとき

　右の〈**図23**〉より，電熱線P，R，Sに電流は流れるが，電熱線Qに電流は流れない。

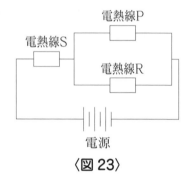

〈**図23**〉

⑤スイッチB，Dを入れるとき

　右の〈**図24**〉より，電熱線Qに電流は流れるが，電熱線P，R，Sに電流は流れない。

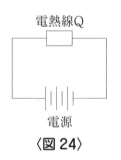

〈**図24**〉

⑥スイッチC，Dを入れるとき

　右の〈**図25**〉より，これは，電熱線P，Q，R，Sすべてに電流が流れず，ショート回路となってしまう。危ない！

〈**図25**〉

⑦スイッチB，C，Dを入れるとき

右の〈図26〉より，⑥同様，電熱線P，Q，R，Sすべてに電流が流れず，ショート回路となってしまう。危ないね。

電源
〈図26〉

よって，4本の電熱線P，Q，R，Sすべてに電流が流れるようなスイッチの入れ方（入れるスイッチの組み合わせ）は，①，②，③の**3通り**，これが答えだ。

問題2の答え

問1　30 mA　　　問2　240 mA　　　問3　40 mA　　　問4　48 mA　　　問5　3通り

電流の問題，自信がついてきたかな？

さて，最後は**手回し発電機**の問題に挑戦だ。**問題3**を見てみよう。

次の文を読み，**問1**～**問5**に答えなさい。

　私たちのまわりには，電気製品が多くあります。これらを電気の供給源に注目し区別すると，電池から電気を供給する製品と，コンセントから電気を供給する製品に分けることができます。電池は，用途に合わせて様々な特徴や形状のものがつくられており，みなさんにとっても身近なものだと思います。一方で，コンセントから供給される電気は，電線の元をたどっていくと発電所へたどり着きます。そして，そのほとんどは，様々な方法で発電機を回転させることで発電しています。発電所の発電機は，小学校の理科の時間に学習した手回し発電機を大型にしたものであると考えるとよいでしょう。

　手回し発電機と豆電球を接続し豆電球を様々な明るさで光らせました。手回し発電機をゆっくり回してみると，①豆電球は光りませんでした。徐々に速く回していくと，ある速さになったとき②豆電球が光りはじめ，さらに速くするほど③豆電球はより明るくなりました。

問1　下線部①～③のとき，回路を流れる電流はどのようになっていると考えられますか。それらの組み合わせとして最も適当なものを次の**ア**～**オ**から選び，記号で答えなさい。

ア　① 0 mA　　② 15 mA　　③ 30 mA
イ　① 5 mA　　② 15 mA　　③ 30 mA
ウ　① 0 mA　　② 30 mA　　③ 30 mA
エ　① 5 mA　　② 30 mA　　③ 30 mA
オ　① 5 mA　　② 5 mA　　③ 30 mA

　電池では複数個をうまく接続することで，発電機では速く回転させることで，豆電球はより明るくなりました。どちらにも同様のはたらきがあり，そのはたらきの強弱を調整することができるといえます。

では，発電機を複数台接続するとどのようになるでしょうか。手回し発電機をAとBの2つ，および豆電球1つを，**図1**のように1つの輪のように接続し，次の**実験Ⅰ**，**実験Ⅱ**を行いました。

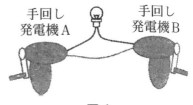

手回し発電機A　　　手回し発電機B

図1

実験Ⅰとその結果　Aだけを回転させたところ，Bは勝手にAよりもおそく回転をはじめ，豆電球は暗く光った。

実験Ⅱとその結果　**実験Ⅰ**に続いて，Aを回転させたまま，Bが勝手に回転している向きに，BをAと同じ速さで回転させたところ，豆電球が完全に消えた。

　実験Ⅰ，**実験Ⅱ**とそれらの結果から，回転している手回し発電機は，④手で回転させていても，電流によって回転していても，いずれの場合でも回転の速さに応じて強くなる電池としてのはたらきをしていると考えてよいのです。ちなみに，複数の発電機のうち，1つを作動させたところ，他の発電機が勝手に回転をはじめる現象は，1873年のウィーン万博で初めて確認されました。これがきっかけとなり，電気を利用して回転するモーターが一気に広まったそうです。

問2　**実験Ⅱ**のように，2つの発電機を同じ速さで回転させているとき，発電機を両方とも電池に置きかえたと考えると，どのように接続していたことになりますか。右の図中の豆電球と2つの電池を線で結んで示しなさい。

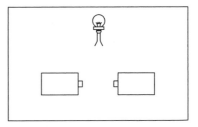

問3　**実験Ⅰ**に続いて**実験Ⅱ**を行ったとき，電流やBのはたらきは，それぞれどのように変化したと考えられますか。(1)，(2)について最も適当なものを**ア**～**オ**から選び，記号で答えなさい。

(1) **実験Ⅰ**と比べたときの，**実験Ⅱ**の電流

  ア 増えた

  イ 減った

(2) Bの電池としてのはたらき

  ウ より強い電池としてのはたらきをするようになった。

  エ より弱い電池としてのはたらきをするようになった。

  オ 電池としてのはたらきをしなくなった。

問4 **実験Ⅰ**に続いて，Aを回転させたまま，Bを回転しないように手で止めたとすると，豆電球の明るさはどのように変化しますか。下線部④を参考にして，最も適当なものを次の**ア～エ**から選び，記号で答えなさい。

  ア 消える

  イ 暗くなる

  ウ 同じ明るさのまま

  エ 明るくなる

問5 **実験Ⅰ**，**実験Ⅱ**のときと同様に接続した2つの手回し発電機A，Bを利用し，豆電球をより明るく光らせます。次の**ア～オ**の操作の中で，豆電球が一番明るく光るものを選び，記号で答えなさい。

  ア Aを速く回転させ，Bを手で止める。

  イ Aをゆっくり回転させ，Bが回転をはじめた向きに，Bをゆっくり回転させる。

  ウ Aを手で止めた状態で，Bをゆっくり回転させる。

  エ Aを速く回転させ，Bが回転をはじめた向きに，Bを速く回転させる。

  オ Aを速く回転させ，Bが回転をはじめた向きと逆向きに，Bを速く回転させる。

〈2021年　麻布中学校（改題）〉

手回し発電機

今回のテーマは，右の〈図27〉のような手回し発電機。近年の中学入試でよく出題されているよ。手でハンドルを回すことで，電気を生み出す装置だ。防災用の携帯ラジオなど，身近なものにも使われている。

手回し発電機の中には**モーター**が入っていて，手でハンドルを回すとモーターの軸も回転し，電流を生み出すことができる。モーターは電気を流すと回転するけれど，逆に手でモーターを回転させることで**発電**しようと考えた装置，これが手回し発電機だ。

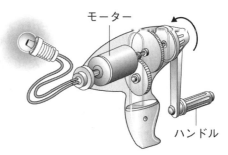

〈図27〉手回し発電機

手回し発電機の2つの特徴

よく出題される，手回し発電機の特徴をおさえよう。まずは，**ハンドルの回転数**について。ハンドルの回転数を大きくすると，流れる電流も大きくなる。

次に，**ハンドルの回転方向**について。ハンドルの回転を反対にすると，流れる電流の向きも反対になる。

では，手回し発電機のハンドルを時計回りに回してみるよ。そうすると，右の〈図28〉のように時計回りに電流が流れたとしよう。

このとき，ハンドルの回しやすさについて考えてみる。実は，ハンドルを回し，流れる電流が大きくなると，どんどん**ハンドルが回しにくくなる**んだ。流れた電流によって，**ハンドルを回す方向とは反対方向に，ハンドルに力がはたらく**ようになる，ということだね。

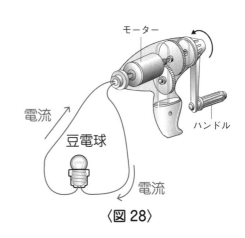

電流

豆電球

電流

〈図28〉

この力の大きさは，流れる電流の大きさが大きいほど大きくなる。つまり，**大きな電流が流れる状況では，ハンドルはとても回しにくくなる**わけだね。

では，〈図28〉の豆電球のかわりに，同じ時計回りに電流が流れるよう，電池をつないでみよう。その図が次ページの〈図29〉だ。

エネルギー

第**10**講　電流とそのはたらき

〈図29〉の状況で，手回し発電機のハンドル
はどちらの方向に回転するかわかるかな！？
……これはなかなかに難しい質問だね。実は，
反時計回りに回りはじめる。

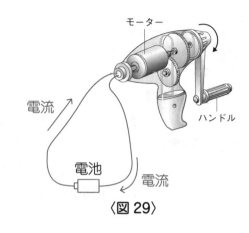

〈図29〉では電池をつないで，電流が時計回
りに流れるけれど，その流れた電流によって，
ハンドルに対して反時計回りの力がはたらくよ
うになるのは，〈図28〉のときと同じだ。今回
ハンドルには手で力を加えていないから，ハンドルはそのまま反時計回りに回りはじめ
るんだね。

また，このあたりの問題は，豆電球や電池のかわりに，**コンデンサー**や**LED**をつない
だりと，さまざま応用的に出題されることもあるよ。

コンデンサーは，つくった電気をためることができる（蓄電）装置，LEDは電気を直
接光に変える装置で，豆電球より小さな電流で光を出すことができる。

以下の〈図30〉のように，LEDには＋極，－極があり，**＋極側からしか電流は流れない。**
今回の**問題3**とは直接関係はないけれど，問題を解き進めるなかで出題されていたら気
をつけてね！

足の長い＋極から短い－極にのみ電流が流れる

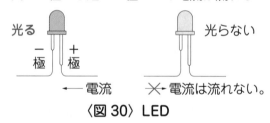

〈図30〉LED

さて，準備は整ったかな？ **問題3**の解説に入ろう。

問 1

　　手回し発電機と豆電球を接続し豆電球を様々な明るさで光らせました。手回し発電機をゆっくり回してみると，①豆電球は光りませんでした。徐々に速く回していくと，ある速さになったとき②豆電球が光りはじめ，さらに速くするほど③豆電球はより明るくなりました。

　　下線部①〜③のとき，回路を流れる電流はどのようになっていると考えられますか。それらの組み合わせとして最も適当なものを次の**ア〜オ**から選び，記号で答えなさい。

ア	①	0 mA	②	15 mA	③	30 mA
イ	①	5 mA	②	15 mA	③	30 mA
ウ	①	0 mA	②	30 mA	③	30 mA
エ	①	5 mA	②	30 mA	③	30 mA
オ	①	5 mA	②	5 mA	③	30 mA

　下線部①〜③について考える。下線部①では豆電球は光らなかったのだから，電流は流れていないんだ，0 mA！ と考えた人はいないかな？……気をつけて！ だって，**手回し発電機をゆっくり回しているわけだから，電流は生じているはず**だ。ただ，まだハンドルの回転数が小さく，流れる電流も小さいから，豆電球は光らなかったと考えられる。

　ハンドルの回転数を上げていくと，流れる電流も大きくなっていく。下線部②，③と，流れる電流が大きくなったことで，豆電球が光りはじめ，次第に明るくなっていったんだね。よって，**イ**が答えだ。

問2

実験Ⅱのように，2つの発電機を同じ速さで回転させているとき，発電機を両方とも電池に置きかえたと考えると，どのように接続していたことになりますか。右の図中の豆電球と2つの電池を線で結んで示しなさい。

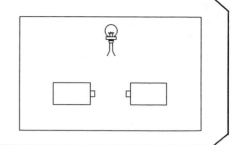

　まず，**実験Ⅰ**とその結果について。これは**知識の整理**で書いたとおりだね。Aを回転させると，ある方向に電流が流れる。その電流によって，Aはハンドルが回しにくくなる。ハンドルを回す方向とは反対方向に，ハンドルに力がはたらくようになるからだ。

　このときBのハンドルにも同じ力がかかる。なので，勝手に回転をはじめ，そのせいで流れている電流とは逆向きの電流が生まれ，豆電球が暗く光ったわけだね。

　では，**実験Ⅱ**とその結果について。Bを，**実験Ⅰ**とその結果で勝手に回転している向きに，Aと同じ速さ，つまり同じ回転数で回転させたわけだから，Aから生じる電流とは逆向きで，同じ大きさの電流がBから生じることになる。

　電流を生み出す装置が電池なのだから，逆向きに同じ電池を2つ，直列につないでいる状況になるよね。よって，右の〈図31〉が答えだ。

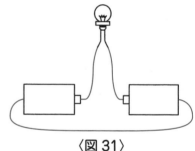

〈図31〉

問3

実験Ⅰに続いて**実験Ⅱ**を行ったとき，電流やBのはたらきは，それぞれどのように変化したと考えられますか。次の(1)，(2)について最も適当なものを**ア〜オ**から選び，記号で答えなさい。

(1) **実験Ⅰ**と比べたときの，**実験Ⅱ**の電流
　ア　増えた
　イ　減った

(2) 発電機Bの電池としてのはたらき
　ウ　より強い電池としてのはたらきをするようになった。
　エ　より弱い電池としてのはたらきをするようになった。
　オ　電池としてのはたらきをしなくなった。

問2から考えればよい。Bのおかげで，流れる電流は**実験Ⅰ**より**実験Ⅱ**のほうが減ってしまうね。(1)は**イ**が答えだ。

また，Bは回転数を大きくしていったので，**生み出す電流が大きくなった**わけだね。

よって，Bを電池と見立てたとき，**その電池としてのはたらきは強くなっている**よね。(2)は**ウ**が答えだ。

問4

実験Ⅰに続いて，Aを回転させたまま，Bを回転しないように手で止めたとすると，豆電球の明るさはどのように変化しますか。下線部④を参考にして，最も適当なものを次の**ア〜エ**から選び，記号で答えなさい。

　ア　消える
　イ　暗くなる
　ウ　同じ明るさのまま
　エ　明るくなる

Bの回転を手で止めているので，**Aからの電流は流れやすい状況，つまり大きくなる**よね。よって，豆電球の明るさは明るくなる。**エ**が答えだ。

実験Ⅰ，実験Ⅱのときと同様に接続した2つの手回し発電機A，Bを利用し，豆電球をより明るく光らせます。次の**ア～オ**の操作の中で，豆電球が一番明るく光るものを選び，記号で答えなさい。

ア Aを速く回転させ，Bを手で止める。

イ Aをゆっくり回転させ，Bが回転を始めた向きに，Bをゆっくり回転させる。

ウ Aを手で止めた状態で，Bをゆっくり回転させる。

エ Aを速く回転させ，Bが回転を始めた向きに，Bを速く回転させる。

オ Aを速く回転させ，Bが回転を始めた向きと逆向きに，Bを速く回転させる。

豆電球をより明るく光らせたいわけだから，まずAの回転数を大きくする必要がある。そのとき，**実験Ⅰ**とその結果のように，Bが回転をはじめるわけだけれど，この回転方向は流れている電流とは逆向きの電流を生み出す方向だ。つまりBを，**その回転方向とは逆方向に，かつ大きな回転数でハンドルを回すことで，大きな電流が流れる**，すなわち僕たちがのぞむ豆電球が一番明るく光る状況をつくることができるはずだね。

よって，**オ**が答えだ。

問題3の答え

問1 イ

問2

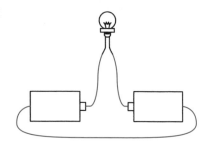

問3 （1） イ （2） ウ 　**問4** エ 　**問5** オ

はーい，電流とそのはたらき，いかがだったでしょうか。図を書くこと，計算の流れ，よく復習してくださいね。

ものの運動

今回は**ものの運動**について学びます。それでは**問題1**を見てみよう。

問題1 ふりこ（I）

　100 gのおもりを使ってふりこをつくりました。ふりこの長さをいろいろ変えて，1分間に往復する回数を調べたところ，**表**のような結果になりました。これについて，**問1〜問7**に答えなさい。

表

ふりこの長さ〔m〕	0.25	1	2.25	**ア**	6.25
1分間に往復する回数〔回〕	60	30	20	15	**イ**

問1　表の**ア**にあてはまるふりこの長さは何mですか。

問2　表の**イ**にあてはまる1分間に往復する回数は何回ですか。

問3　ふりこの長さが1 mのときの周期（1往復する時間）は何秒ですか。

問4　ふりこの長さを1 mとし，おもりを100 gから200 gにかえて実験したとき，周期は100 gのときとくらべて何倍になりますか。次の**ア〜オ**から1つ選び，記号で答えなさい。

　ア 4倍　　**イ** 2倍　　**ウ** 1倍　　**エ** $\frac{1}{2}$倍　　**オ** $\frac{1}{4}$倍

図のようにふりこの長さが 2.25 m のふりこ
があります。100 g のおもりを点 A から静かに
はなしたところ、おもりは最も低い点 B にきた
ときに真上に打ったくぎに糸がかかり、点 C に
達して一瞬静止しました。その後、向きを変え、
点 C から点 B を通過し、点 A までもどりました。

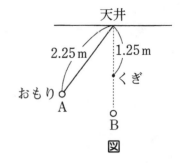

図

問5 おもりが点 C に達したときの様子として正しいものはどれですか。次の
ア～エから1つ選び、記号で答えなさい。

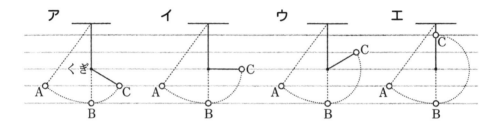

問6 天井からくぎまでの長さが 1.25 m のとき、点 A から静かにはなしたお
もりが再び点 A にもどってくるまでにかかる時間は何秒ですか。

問7 点 A から静かにはなしたおもりが、初めて点 B または点 C に達した瞬間
に糸を切りました。その後のおもりの動きとして正しいものはどれですか。
次の**ア～ク**からそれぞれ1つずつ選び、記号で答えなさい。

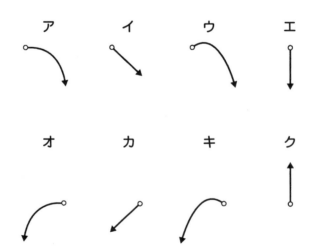

〈2021年　東京女学館中学校（改題）〉

知識の整理

● ふりこ

右の〈図1〉のように，糸の先におもりをつけて糸の根元をとめ，糸がたわまないようにしながらおもりをある高さまで上げる。そのままおもりをそっとはなすと，おもりはどうなるかな？

そう。右下の〈図2〉のように，おもりが左右に往復しながら動く。

このように，**左右に往復しておもりをふらせるしかけをふりこ**というよ。メトロノームなんかが，身近なものとしてよくあげられるね。

まずは，そんなふりこに関する名称をチェック！ **しんぷくは，しん動の幅の $\frac{1}{2}$ をさすこと**ば，**周期はふりこが1往復する時間をさすこと**ばだね。

ふりこの長さには注意が必要だ。支点からおもりの重心までの長さをふりこの長さとよぶので，糸の長さとは異なることに注意しよう。

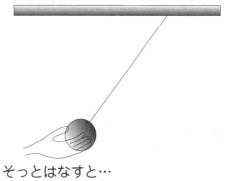

そっとはなすと…

〈図1〉

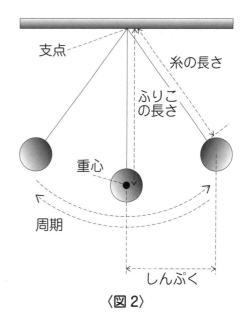

支点

糸の長さ

ふりこの長さ

重心

周期

しんぷく

〈図2〉

エネルギー

第 **11** 講　ものの運動

✏ さらなる高みへ

実際のふりこは，空気抵抗や支点におけるまさつ，糸がたわんだりなどのいろいろな要因で，ふれるたびにふれる角度が小さくなって，最後には止まってしまう。ただ，中学入試では，ふりこはいつまでも同じふれる角度でふれ続けるものとされることが多いよ。

203

● ふりこの周期

さて，ふりこが 1 往復する時間である**周期**は，おもりの重さやふれる角度を変えると，どう変化するだろう？ 実験の結果，実は，**おもりの重さやふれる角度を変えても，周期は変化しない**ことがわかったんだ。

では，何がふりこの周期に影響するんだろう？ 実験の結果，ふりこの長さを変えると，**周期は変化する**ことがわかった。ふりこの周期はふりこの長さによって決まり，おもりの重さやふれる角度は影響しないという，**ふりこの等時性**とよばれる法則を見出したのは，あの有名な**ガリレオ・ガリレイ**だ！

 **さらなる高みへ**

ガリレオ・ガリレイは，イタリアの自然哲学者，天文学者，数学者だ。数々の功績をたたえ，彼は近代科学の父，天文学の父とよばれるよ。

● ふりこの速さ

では，右の〈図3〉を見ながら，ふりこの速さについて確認しよう。

〈図1〉と同じように，おもりをある高さまで持ち上げ，おもりをそっとはなしたその瞬間の位置をAとする。この時点では，ふりこの速さは0だ。ふりこが右にふれるにしたがって，じょじょに速さははやくなり，一番高さが低い位置，この位置をBとすると，Bでふりこの速さが最もはやくなる。

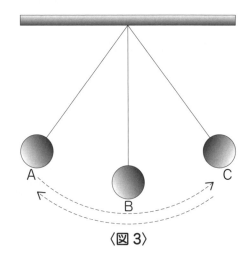

〈図3〉

このとき，ふりこは真右の方向に動こうとしている。Bを通過し，さらにふりこが右にふれて，Aと同じ高さまでふりこがたどりつく。この位置をCとすると，Cにおいて，ふりこの速さは0となる。このあとふりこは向きを変え，左にふれだす。ふりこが左にふれるにしたがって，じょじょに速さははやくなり，また一番高さが低い位置Bでふりこの速さが最もはやくなる。

このとき，ふりこは真左の方向に動こうとしている。Bを通過し，さらにふりこが左にふれて，元のAにもどり，速さは0となる。こんな動きをふりこはくり返している。

さて，準備は整ったかな？ **問題1**の解説に入ろう。

問 1 ～問 3

> **問 1** 表の**ア**にあてはまるふりこの長さは何 m ですか。
>
> **問 2** 表の**イ**にあてはまる 1 分間に往復する回数は何回ですか。
>
> **問 3** ふりこの長さが 1 m のときの周期（1 往復する時間）は何秒ですか。

今回与えられている結果を表す**表**には，周期が書いていない。まずはこの**表**に，周期を書きくわえる必要があるね。

周期を書きくわえた，結果を表す**表**は，次のようになるよ。

表

ふりこの長さ〔m〕	0.25	1	2.25	**ア**	6.25
1 分間に往復する回数〔回〕	60	30	20	15	**イ**
周期〔秒〕	1	2	3	4	←書きくわえる

気づいたかな？ 例えば，ふりこの長さが 0.25 m と，その 4（＝ 2 × 2）倍である 1 m のところを比較すると，周期が 2 ÷ 1 ＝ 2 倍になっている。

また，ふりこの長さが 0.25 m と，その 9（＝ 3 × 3）倍である 2.25 m のところを比較すると，周期が 3 ÷ 1 ＝ 3 倍となっている。

このように，**問題 1** では，ふりこの長さが□×□倍になれば，周期は□倍になると読み取ることができるね。

問 1 **ア**について，ふりこの長さが 0.25 m のときとくらべ，周期が 4 ÷ 1 ＝ 4 倍となっているので，ふりこの長さは 0.25 × 4 × 4 ＝ **4 m**，これが答えだ。

問 2 **イ**についても同じように考える。ふりこの長さが 0.25 m のときと比べ，6.25 ÷ 0.25 ＝ 25（＝ 5 × 5）倍となっているので，周期は 1 × 5 ＝ 5 秒となる。ということは，1 分間に往復する回数は，60 ÷ 5 ＝ **12 回**，これが答えだ。

問 3 表より，**2 秒**が答えだ。

問4

ふりこの長さを 1 m とし，おもりを 100 g から 200 g にかえて実験したとき，周期は 100 g のときとくらべて何倍になりますか。次の**ア～オ**から 1 つ選び，記号で答えなさい。

ア 4倍　　**イ** 2倍　　**ウ** 1倍　　**エ** $\frac{1}{2}$倍　　**オ** $\frac{1}{4}$倍

知識の整理でお話ししたとおり，おもりの重さやふれる角度を変えても，ふりこの周期は変化しない。よって，**ウ**が答えだ。

問5

おもりが点Cに達したときの様子として正しいものはどれですか。次の**ア～エ**から 1 つ選び，番号で答えなさい。

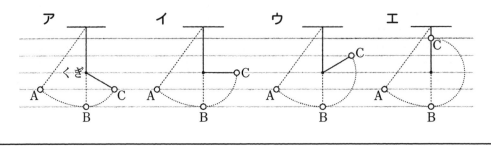

さてここからは，**くぎふりこ**のお話だ。途中でくぎがあって，ふりこの長さが変わってしまう……のだけれど，**おもりが一番高くなるときの高さは，ふれはじめの位置と変化しない**。そういうものなのか，で大丈夫だよ。**ア**が答えだ。

「そういうものか」がいやだ！ という方へ，少しだけ中学理科・高校物理のお話。ふりこでは，おもりについての運動エネルギーと位置エネルギーというエネルギーの合計がずっといっしょになっている。運動エネルギーはおもりの〈速さ×速さ〉に比例し，位置エネルギーはおもりの高さに比例するんだ。

　知識の整理の〈**図3**〉でふりこの速さについて考えたけれど，AやCでは，速さは0であることから，AやCでの運動エネルギーは0となる。つまり，AやCでは，エネルギーは位置エネルギーのみとなり，位置エネルギーはおもりの高さに比例するので，AもCもおもりの高さは最高点となり同じ，とわかる。

　では**問5**について。……もうわかったかな？　**問5**の点Aや点Cでは，速さは0であることから，点Aや点Cでの運動エネルギーは0となる。〈**図3**〉のときと同じだね！　結局，点Aや点Cでは，エネルギーは位置エネルギーのみとなり，位置エネルギーはおもりの高さに比例するので，点Aも点Cもおもりの高さは最高点となり同じ，とわかってしまうわけだね。

問6

　天井(てんじょう)からくぎまでの長さが1.25 mのとき，点Aから静かにはなしたおもりが再び点Aにもどってくるまでにかかる時間は何秒ですか。

　点Aから点Bまでのふりこの長さは2.25 m，点Bから点Cまで，そして点Cから点Bまでのふりこの長さは2.25 − 1.25 = 1 m，点Bから点Aまでのふりこの長さはまた2.25 mとなるので，ふりこの長さが2.25 mのときと1 mのときの周期の半分ずつをたし合わせればよいね。

　3 ÷ 2 ＋ 2 ÷ 2 ＝ **2.5秒**，これが答えだ。

問7

点Aから静かにはなしたおもりが，初めて点Bまたは点Cに達した瞬間に糸を切りました。その後のおもりの動きとして正しいのはどれですか。次の**ア**～**ク**からそれぞれ1つずつ選び，記号で答えなさい。

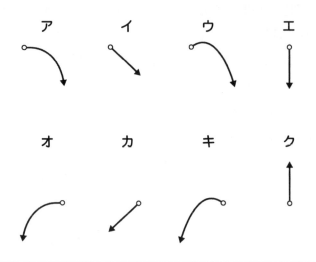

　　知識の整理でお話ししたとおり，**点Bではふりこの速さが最もはやくなり，ふりこは真右の方向に動こうとしている**。そこで糸を切ると，**おもりは真右に進もうとするけれど，重力が真下の方向にかかるので**，**ア**のようにおもりは動くことになる。

　　点Cではふりこの速さは0，つまり一瞬おもりは止まっているわけだね。なので，そこで糸を切ると，**重力が真下の方向にかかるので**，**エ**のようにおもりは真下に落ちていくことになる。

　　よって，点Bは**ア**，点Cは**エ**が答えだ。

問題1の答え

問1　4m　　問2　12回　　問3　2秒　　問4　ウ　　問5　ア　　問6　2.5秒
問7　（点B）　ア　（点C）　エ

さて，次は**ふりこ**の応用問題に挑戦だ。**問題 2** を見てみよう。

問題 2	ふりこ（Ⅱ）

ふりこについて，**問 1 〜問 6** に答えなさい。

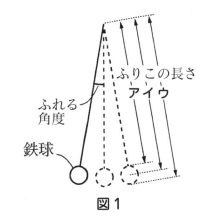

図 1 のように重さの無視できる糸に鉄球を
つけ，もう一方のはしを天井に固定してつくっ
たふりこで実験をしました。ふりこが 1 往復
する時間を「周期」といいます。ふりこのふ
れる角度が変わっても，ふりこの周期が変わ
らないことを「ふりこの等時性」といいます。
ふれる角度，鉄球の重さ，ふりこの長さにつ
いて条件を変え，1 周期を測定する**実験Ⅰ〜実験Ⅲ**を行いました。

実験Ⅰ　ふれる角度を変える実験（ふりこの長さ 50 cm，鉄球の重さ 50 kg)

ふれる角度	2°	4°	6°	8°	10°
1 周期	1.42 秒	1.43 秒	1.42 秒	1.41 秒	1.42 秒

実験Ⅱ　鉄球の重さを変える実験（ふりこの長さ 50 cm，ふれる角度 10°)

鉄球のおもさ	25 g	50 g	75 g	100 g	125 g
1 周期	1.43 秒	1.42 秒	1.41 秒	1.42 秒	1.42 秒

実験Ⅲ　ふりこの長さを変える実験（鉄球のおもさ 50 g，ふれる角度 10°)

ふりこの長さ	25 cm	50 cm	75 cm	100 cm	200 cm
1 周期	1.01 秒	1.42 秒	1.74 秒	2.02 秒	2.84 秒

問 1　ふりこの長さとしてふさわしいものを**図 1** の**ア〜ウ**から選び，記号で答
えなさい。

問2 ふりこの等時性を発見したといわれる人物を選び，記号で答えなさい。

ア アルキメデス　　**イ** アインシュタイン
ウ ニュートン　　　**エ** ガリレイ

問3 **実験Ⅲ**で，ふりこの長さが 10 cm のとき 10 周期が 6.35 秒ならば，ふりこの長さが 160 cm のときの 1 周期は何秒ですか。

　次に，**実験Ⅰ～実験Ⅲ**からふれる角度のみを大きくし，**実験Ⅳ～実験Ⅵ**を行いました。

実験Ⅳ　ふれる角度を変える実験（ふりこの長さ 50 cm，鉄球の重さ 50 g）

ふれる角度	30°	45°	60°	75°	85°
1 周期	1.44 秒	1.47 秒	1.51 秒	1.58 秒	1.64 秒

実験Ⅴ　鉄球の重さを変える実験（ふりこの長さ 50 cm，ふれる角度 60°）

鉄球の重さ	25 g	50 g	75 g	100 g	125 g
1 周期	1.52 秒	1.51 秒	1.52 秒	1.51 秒	1.52 秒

実験Ⅵ　ふりこの長さを変える実験（鉄球の重さ 50 g，ふれる角度 60°）

ふりこの長さ	25 cm	50 cm	75 cm	100 cm	200 cm
1 周期	1.07 秒	1.52 秒	1.88 秒	2.15 秒	3.04 秒

問4 ふりこの等時性は，ふれる角度が小さい範囲のみで成りたちます。**実験Ⅳ～実験Ⅵ**のようにふれる角度が大きい範囲までふくめると，ふりこの周期を変えるためには，どの量を変化させればよいですか。ふさわしいものをすべて選び，記号で答えなさい。

ア ふれる角度　　**イ** 鉄球の重さ　　**ウ** ふりこの長さ

問5　**実験Ⅱ**，**実験Ⅴ**で，鉄球のかわりに 25 g の
おもりをいくつか用意して実験をしました。

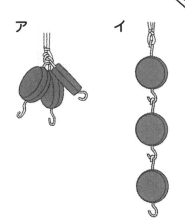

(1)　鉄球のかわりのおもりのつけ方として
ふさわしくないのは**ア**，**イ**のどちらです
か，記号で答えなさい。

(2)　ふさわしくないおもりのつけ方をした場合，ふりこの長さは鉄球をつ
けていたときとくらべてどうなりますか。正しいものを選び，記号で答
えなさい。ただし，糸の長さは変えないものとします。

　　　ア　長くなる　　　**イ**　短くなる　　　**ウ**　変わらない

問6　**図2**のように幼児（身長 110 cm，体重 20 kg）と中学生（身長 160
cm，体重 50 kg）がそれぞれ公園のブランコにすわって乗ったり，立って乗っ
たりしました。ただし，ブランコの周期はふりこの**実験Ⅰ〜実験Ⅵ**と同様
の結果が成りたつものとし，周期をはかるときは**図3**のように人は動かな
いようにしました。

　　問4，**問5**をふまえて考えた場合，人物，乗り方，ふれる角度について
1周期がもっとも長くなる組み合わせを選び，記号で答えなさい。

幼児（すわる）幼児（立つ）中学生（立つ）

図2

周期測定中
の幼児（立つ）

図3

	人物	乗り方	ふれる角度
ア	幼児	すわる	10°
イ	幼児	すわる	50°
ウ	幼児	立つ	10°
エ	幼児	立つ	50°
オ	中学生	立つ	10°
カ	中学生	立つ	50°

〈2021 年　早稲田中学校（改題）〉

問題 2 の解説

問題 1 と同じ，ふりこのお話なので，いきなり解説に入っていくよ！

問 1

これは**問題 1** の**知識の整理**でお話ししたとおり，支点からおもりの重心までの長さをふりこの長さとよぶので，**イ**が答えだ。糸の長さである**ア**とまちがえないよう気をつけてね！

問 2

こちらも**問題 1** の**知識の整理**でお話ししたとおり。ふりこの等時性を発見したのは，ガリレオ・ガリレイだ。**エ**が答えだ。

問 3

問題 1 の**問 1〜問 3**と同じような流れだね。**実験Ⅲ**で，ふりこの長さが 25 cm と，その 4（＝ 2 × 2）倍である 100 cm のところを比較すると，周期が 2.02 ÷ 1.01 ＝ 2 倍になっている。

また，ふりこの長さが 50 cm と，その 4（＝ 2 × 2）倍である 200 cm のところを比較すると，周期が 2.84 ÷ 1.42 ＝ 2 倍となっている。

このように，**問3**では，ふりこの長さが□×□倍になれば，1周期は□倍になると読み取ることができるね。

　ではふりこの長さが10 cmのときと，その16(＝4×4) 倍である160 cmのときを比較すると，ふりこの長さが160 cmのときの1周期は，**ふりこの長さが10 cmのときの1周期の4倍となるはずだ。**ふりこの長さが10 cmのときの1周期は6.35 ÷ 10 ＝ 0.635 秒より，ふりこの長さが160 cmのときの1周期は，0.635 × 4 ＝ **2.54 秒**。これが答えだ。

　さてここからが**問題2**の真骨頂！ ふれる角度を大きくした**実験Ⅳ～実験Ⅵ**について，ていねいに見ていこう。

問4

　さて，**実験Ⅳ**。あれ？ ふれる角度が変わると，1周期が長くなっている！？

　実験Ⅴ，鉄球の重さを変えても，1周期はほぼ変わらない，いつもどおりだ。

　実験Ⅵ，こちらも**実験Ⅲ**と同様，ふりこの長さが25 cmと，その4(＝2×2) 倍である100 cmのところを比較すると，周期が2.15 ÷ 1.07 ＝約2倍となっている。また，ふりこの長さが50 cmと，その4(＝2×2) 倍である200 cmのところを比較すると，周期が3.04 ÷ 1.52 ＝ 2倍となっている。

　やはり**問4**でも，いつもどおり，ふりこの長さが□×□倍になれば，1周期は□倍になると読み取ることができるね。

　さて，ここで**問4**の文で種明かし。ふりこの等時性は，ふれる角度が小さい範囲のみで成り立つんだ。**実験Ⅰ**，**実験Ⅳ**より，少なくともふれる角度が30°以上のときの1周期は，ふれはばの角度が2°～10°のときの1周期と変わってしまい，ふれる角度が30°以上のとき，ふれる角度を大きくすると，1周期も長くなっていることが読み取れる。

　よって，**問4**で，**実験Ⅳ～実験Ⅵ**のようにふれる角度が大きい範囲までふくめて考えたとき，ふりこの周期は**ア**「ふれる角度」，**ウ**「ふりこの長さ」で変わってしまうことがわかるね。**ア**，**ウ**が答えだ。

問5

　(1)，(2) **問題1**の**知識の整理**でお話ししたとおり，支点からおもりの重心までの長さがふりこの長さとなるわけだけれど，**ア**は1か所におもりをつけているので，3つのおもりの重さの重心は，3つのおもりのうちの真ん中のおもりのちょうど中心にくるため，鉄球をつけたときとふりこの長さは変わらない。

　ところが**イ**の場合，3つのおもりの重さの重心は，3つのおもりのうちの真ん中のお

もりのちょうど中心にくるため、鉄球をつけたときよりふりこの長さが長くなってしまう。

よって、(1)で、鉄球のかわりのおもりのつけ方としてふさわしくないのは**イ**。

(2)で、**イ**のおもりのつけ方の場合、ふりこの長さは鉄球をつけていたときとくらべて、**ア**「長くなる」。これらが答えだ。

問6

問4でお話ししたとおり、**実験Ⅰ**、**実験Ⅳ**より、少なくともふれる角度が30°以上のときの1周期は、ふれる角度が2°〜10°のときの1周期と変わってしまい、ふれる角度が30°以上のとき、ふれる角度を大きくすると、1周期も長くなっていることが読み取れる。よって、ふれる角度は10°より50°のほうが1周期は長くなるはずだ。

実験Ⅴより、鉄球の重さを変えても、1周期はほぼ変わらないことより、幼児の20 kg、中学生の50 kgという重さは1周期の長さには影響しない。

実験Ⅵより、ふりこの長さを長くすると、1周期も長くなることが読み取れる。重心が一番低いのは、身長が110 cmの幼児がすわったときであり、このときふりこの長さが一番長くなるので、1周期も長くなるはずだ。

よって、ふれる角度が50°の**イ**、**エ**、**カ**の中で、一番ふりこの長さが長い、**イ**が答えだ。

問題2の答え

問1 **イ**　　問2 **エ**　　問3 2.54秒　　問4 **ア、ウ**

問5 (1) **イ** (2) **ア**　　問6 **イ**

光と音

ニュートンくん

今回は，光と音について学びます。それでは**問題1**を見てみよう。

問題1　光の性質，虹（にじ）

　光に関する次の文を読み，**問1〜問8**に答えなさい。

　太陽から地球に届く光はいろいろな現象を引きおこし，古くから人々の関心をひきつけてきました。私たちの身近なところにも，光が関係するいろいろな現象があります。例えば，金魚の入った水そうを横から見ると，①金魚が水面の上にもいるように見えます。また，②コップに入れたストローやコインを上から見ると，コップに水を入れる前と後で見え方が変化します。その他，夏の暑い日にはなれた地面に水があるように見える「逃げ水」という現象があります。

　ガラスなどを通って空気中に出た太陽光がスクリーンに当たると，スクリーンが色づいて見えることがあります。これは**図1**のように，③光の色によって屈折する角度が少しずつ異なることが原因です。④ガラス製の器具Aから屈折して別々の方向に出てきた色の光を⑤再び器具Aを通して一か所に集めると，白色の光にもどります。これは虹ができる仕組みでもあります。虹は**図2**のように，太陽光と視線のなす角度が約42°の方向に見られます。**図2**では色による屈折角のちがいを表していませんが，実際は⑥水のつぶに入った太陽光が反射と屈折を経ることで，光の色に角度の差ができ，空が色づいて見えます。

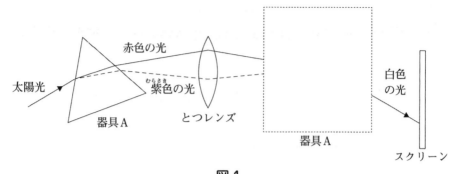

図1

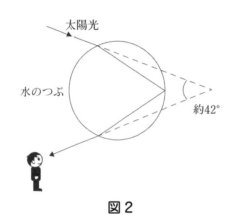

図2

問1 下線部①に関係する現象として，もっとも適切なものを次の**ア**〜**エ**の中から1つ選び，記号で答えなさい。

ア 全反射 **イ** 乱反射 **ウ** 屈折(くっせつ) **エ** 分散

問2 下線部②について，もっとも適切なものを次の**ア**〜**エ**の中から1つ選び，記号で答えなさい。

ア ストローは折れ曲がって長く見え，コインはより深い位置に見える。
イ ストローは折れ曲がって長く見え，コインはより浅い位置に見える。
ウ ストローは折れ曲がって短く見え，コインはより深い位置に見える。
エ ストローは折れ曲がって短く見え，コインはより浅い位置に見える。

問3 下線部③について，**図1**からわかることとしてもっとも適切なものを次のア～エの中から1つ選び，記号で答えなさい。

ア 光が空気からガラスに進むときは赤色の光のほうがよく曲がり，ガラスから空気に進むときも赤色の光のほうがよく曲がる。

イ 光が空気からガラスに進むときは赤色の光のほうがよく曲がり，ガラスから空気に進むときは紫色の光のほうがよく曲がる。

ウ 光が空気からガラスに進むときは紫色の光のほうがよく曲がり，ガラスから空気に進むときは赤色の光のほうがよく曲がる。

エ 光が空気からガラスに進むときは紫色の光のほうがよく曲がり，ガラスから空気に進むときも紫色の光のほうがよく曲がる。

問4 下線部④について，**図1**の赤から紫に向かう色の順番としてもっとも適切なものを次のア～カの中から1つ選び，記号で答えなさい。

ア （赤）―緑―黄―青―（紫）
イ （赤）―緑―青―黄―（紫）
ウ （赤）―黄―緑―青―（紫）
エ （赤）―黄―青―緑―（紫）
オ （赤）―青―緑―黄―（紫）
カ （赤）―青―黄―緑―（紫）

問5 下線部⑤について，**図1**の器具Aの名称を答えなさい。また，白色の光にもどすために□に置く器具Aの向きとしてもっとも適切なものを，次のア～エの中から1つ選び，記号で答えなさい。

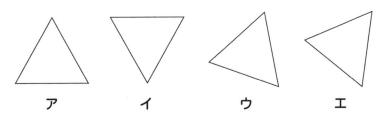

ア　　　イ　　　ウ　　　エ

問6　下線部⑥について，水のつぶの中の赤色の光と紫色の光の進路の組み合わせとしてもっとも適切なものを次の**ア〜エ**の中から1つ選び，記号で答えなさい。ただし，赤色の光を実線で，紫色の光を点線で表しています。

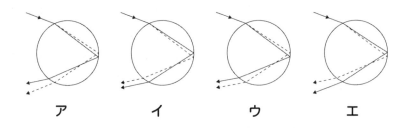

ア　　　　　　イ　　　　　　ウ　　　　　　エ

問7　虹に関して，適切でないものを次の**ア〜エ**の中から1つ選び，記号で答えなさい。

ア　朝方は西の空に虹を見ることができる。
イ　南中高度の高い夏の正午付近は大きな虹が見える。
ウ　滝の近くでは雨上がりでなくても虹を見ることができる。
エ　日本では正午付近の南の空に虹を見ることはできない。

　上空で水のつぶが十分に冷やされると，氷のつぶ（氷晶）になって落ちてくることがあります。**図3**のように，水平な状態のまま落ちてくる氷晶を太陽光が通って私たちの目に入ると，「逆さ虹」というめずらしい現象を見ることができます。この仕組みを考えてみましょう。**図3**の拡大図のように，太陽光は氷晶の上面に入射して側面で屈折して出てくるものとします。虹の原理と同じように，光の色によって屈折する角度が異なるため，赤色の光がくる方向の空が赤色に，紫色の光がくる方向の空が紫色に色づき，逆さまの虹のように見えます。

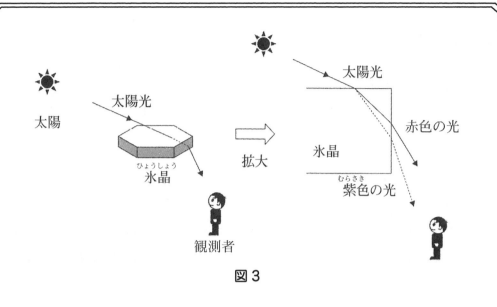

図3

問8 図3で観測される「逆さ虹」として，もっとも適切なものを以下の**ア**〜**エ**の中から1つ選び，記号で答えなさい。ただし，**ア**〜**エ**の図中の観測者は太陽に正面を向いたものとします。

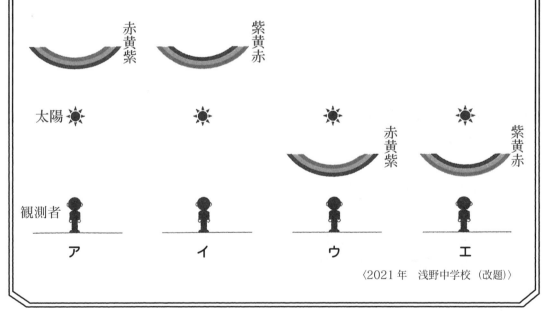

〈2021年　浅野中学校（改題）〉

💭 光の直進，反射，屈折(くっせつ)

　みなさん，川へ遊びにいったことがあるかな？　僕(ぼく)はこの前，兵庫県の山奥(やまおく)の川へニジマスとアマゴを釣(つ)りに出かけたよ。とても美しい川で育った，釣ったばかりの魚を，焼いたり，天ぷらにしたり，楽しかったなあ……。

　さて，今回は，そんな魚がおいしかったよ！　という話ではない。川にかかる橋の上から川底をながめたときのお話だ。

　そのとき，僕の目には，川の深さはそれほど深くないように見えた。ただ，その後実際川に入ってみたら，なかなかに深い。どうして橋の上からは，川は深くないように見えたのだろうか？

　右の〈図1〉に，空気中を進む光が空気と水との境界面にぶつかったときの，光の進路の例を書いてみた。光は，空気中や水中など，**一様なものの中を進むときは直進する**。けれど，〈図1〉のようにちがうものとの境界面にぶつかるとき，その境界面で一部ははね返り，残りは折れ曲がってちがうものの中を進む。これらを**光の反射，光の屈折**という。

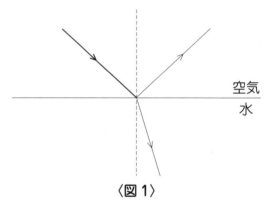

〈図1〉

　光の反射について，右の〈図2〉のように，空気中を進む光が空気と鏡との境界面にぶつかったときの，光の進路の例を書いてみた。このとき，**入射角と反射角は等しくなる**。

　入射角と反射角は，**鏡と垂直な面に対しての入射光と反射光のなす角度である**こと，まちがえないようにしてね！

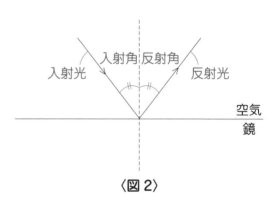

〈図2〉

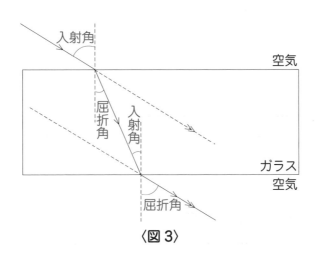

〈図3〉

　光の屈折（くっせつ）について，上の〈図3〉のように，空気中からガラス中へ光が進み，その後また空気中へ進む光の進路の例を書いてみた。

　光は，**空気中からガラス中へ進むときは，空気とガラスとの境界面から遠ざかるように**（入射角＞屈折角）進み，**ガラス中から空気中へ進むときは，ガラスと空気との境界面に近づくように**（入射角＜屈折角）進むよ。

　さて，はじめの川の深さのお話にもどろう。光は〈図1〉〜〈図3〉で考えたように，直進や反射，屈折をする。例えば，橋の上から川底のある石を見たとき，右の〈図4〉のような光を目で見たとしよう。

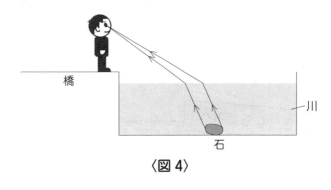

〈図4〉

　ここで大切なのは，**人間の脳は，光は直進して進むよう認識している**ということ！ つまり，この状況（じょうきょう）では，右の〈図5〉のように，川底の石の位置が実際より浅い位置にあるように見えてしまうんだ。

　なので，僕（ぼく）の目には，川がそんなに深くないように見えたというわけだね。いいかな？

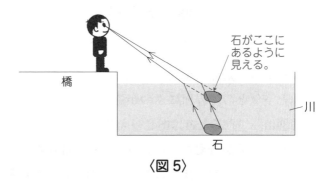

〈図5〉

石がここにあるように見える。

問1

> 下線部①に関係する現象として，もっとも適切なものを次の**ア**〜**エ**の中から
> 1つ選び，記号で答えなさい。
>
> **ア** 全反射　　**イ** 乱反射　　**ウ** 屈折（くっせつ）　　**エ** 分散

さて，いきなり注意が必要な問題だ。金魚の入った水そうを，**水そうの横から見ている**よ！ つまり，右の〈図6〉のような状況（じょうきょう）を考えていることになる。

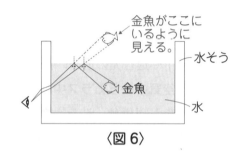

金魚がここにいるように見える。

水そう

金魚

水

〈図6〉

知識の整理でお話ししたとおり，光は，**一様なものの中を進むときは直進する**けれど，**ちがうものとの境界面にぶつかるとき，その境界面で一部は反射し，残りは屈折する**。

ただ，水中を進む光が水と空気との境界面にぶつかるような状況のとき，入射角を大きくしていくと，ある角度以上（この状況では約49°以上）で，光はすべて反射され，空気中には出ていかなくなってしまう。これを**全反射**というんだ。

さらなる高みへ

> この角度は，屈折の法則であるスネルの法則を用いて計算できるよ。ちなみに，ガラス中を進む光がガラスと水との境界線にぶつかるような状況では，入射角が42°以上で全反射がおこるよ。

全反射は，**知識の整理**の〈図3〉からイメージできると素敵だけれど，水中を進む光が水と空気との境界面にぶつかるときはおこりうるが，**空気中を進む光が空気と水との境界面にぶつかるときはおこりえない**。このあたりにも注意しておさえよう！

よって，**ア**が答えだ。ちなみに，**イ**「乱反射」は，鏡のようなたいらな面でおこる正反射に対して，でこぼこしたものの面で起こる反射のこと。そのため，乱反射ではいろいろな方向に光が反射するよ。**エ**「分散」は，プリズムなどに入射した光が，いくつかの屈折光に分かれて出てくる現象のことだ。

問2

下線部②について，もっとも適切なものを次の**ア～エ**の中から1つ選び，記号で答えなさい。

ア ストローは折れ曲がって長く見え，コインはより深い位置に見える。

イ ストローは折れ曲がって長く見え，コインはより浅い位置に見える。

ウ ストローは折れ曲がって短く見え，コインはより深い位置に見える。

エ ストローは折れ曲がって短く見え，コインはより浅い位置に見える。

知識の整理にあった，光の屈折(くっせつ)のお話だね。次の〈図7〉のような状況(じょうきょう)を考えていることになる。

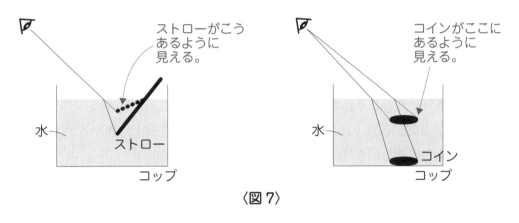

〈図7〉

よって，**ストローは折れ曲がって短く見え，コインはより浅い位置に見える**ので，**エ**が答えだ。

問3

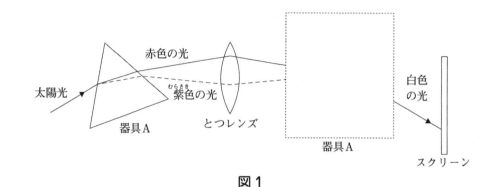

図1

下線部③について，**図1**からわかることとしてもっとも適切なものを次の**ア**～**エ**の中から1つ選び，記号で答えなさい。

ア 光が空気からガラスに進むときは赤色の光のほうがよく曲がり，ガラスから空気に進むときも赤色の光のほうがよく曲がる。

イ 光が空気からガラスに進むときは赤色の光のほうがよく曲がり，ガラスから空気に進むときは紫色の光のほうがよく曲がる。

ウ 光が空気からガラスに進むときは紫色の光のほうがよく曲がり，ガラスから空気に進むときは赤色の光のほうがよく曲がる。

エ 光が空気からガラスに進むときは紫色の光のほうがよく曲がり，ガラスから空気に進むときも紫色の光のほうがよく曲がる。

図1の器具Aを見ると，光が空気からガラスに進むときも，ガラスから空気に進むときも，赤色の光より紫色の光のほうがよく曲がることがわかる。よって，**エ**が答えだ。

問4

下線部④について，**図1**の赤から紫に向かう色の順番としてもっとも適切なものを次の**ア**～**カ**の中から1つ選び，記号で答えなさい。

ア （赤）―緑―黄―青―（紫）

イ （赤）―緑―青―黄―（紫）

ウ （赤）―黄―緑―青―（紫）

エ （赤）―黄―青―緑―（紫）

オ （赤）―青―緑―黄―（紫）

カ （赤）―青―黄―緑―（紫）

こちらは単純に覚えてほしい問題！「せき とう おう りょく せい らん し」など，よく言われている覚え方があったりするよ。

ちなみに僕は昔，色の頭文字をとってさけびながら覚えていたよ。赤，橙（だいだい），黄，緑，青，藍（あい），紫（むらさき），この色の順となる**ウ**が答えだ。

さらなる高みへ

太陽光は白色光ともよばれ，様々な波長の光がまざっているよ。赤，橙，黄，緑，青，藍，紫の順番に，波長は短くなっていく。実は，波長が短い光ほど，屈折する度合いが大きくなるんだ。そのため，器具 A を通るとき，屈折する度合いのちがいで，白色光が赤，橙，黄，緑，青，藍，紫 色の光に分かれてしまう。これを，光の分散というよ！

問5

下線部⑤について，**図1**の器具 A の名称を答えなさい。また，白色の光にもどすために▢に置く器具 A の向きとしてもっとも適切なものを，次の**ア〜エ**の中から 1 つ選び，記号で答えなさい。

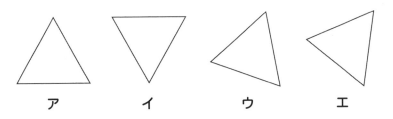

器具 A のような，光を分散，屈折させるために用いる，ガラスなどでできた多角柱（三角柱が多い）を**プリズム**という。プリズムから屈折して別々の方向に出てきた色の光を，またプリズムを通して一か所に集めるには，もう 1 つのプリズムをとつレンズに対して線対称の位置に置く必要がある。よって，プリズムの向きは**ウ**，これが答えだ。

問6

　下線部⑥について，水のつぶの中の赤色の光と紫色の光の進路の組み合わせとしてもっとも適切なものを次の**ア〜エ**の中から１つ選び，記号で答えなさい。ただし，赤色の光を実線で，紫色の光を点線で表しています。

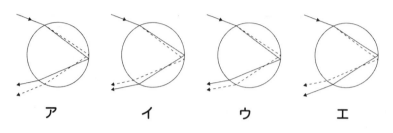

　問３より，光は空気からガラスに進むときも，ガラスから空気に進むときも，赤色の光より紫色の光のほうがよく曲がることがわかっている。これについて，ガラスを水に置きかえても，同じことがいえるはずだ。

　つまり，光は**空気から水に進むときも，水から空気に進むときも，赤色の光より紫色の光のほうがよく曲がるはず**，よって，**エ**が答えだ。

　赤色の光より紫色の光のほうがよく曲がるはずなのに，**イ**や**ウ**は，最後の水から空気に進むところで，赤色と紫色の光が平行になっているのはおかしい！　と選択肢を少なくしていくのもよいね。

問7

　虹に関して，適切でないものを次の**ア〜エ**の中から１つ選び，記号で答えなさい。

ア　朝方は西の空に虹を見ることができる。
イ　南中高度の高い夏の正午付近は大きな虹が見える。
ウ　滝の近くでは雨上がりでなくても虹を見ることができる。
エ　日本では正午付近の南の空に虹を見ることはできない。

一つひとつの選択肢を確認していこう！

ア　「朝方」ということは，太陽は東の空にある。西の空の方向に，雨上がりなど，水のつぶがある状況ならば，**図２**のように光は屈折，反射をして虹が見える。
　　次ページの〈**図8**〉のような位置関係となるね。**ア**は適切である。

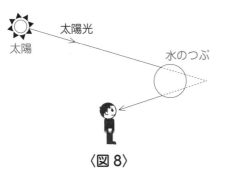

〈図 8〉

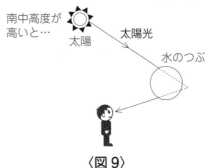

〈図 9〉

イ　**ア**より，人に対して太陽と反対側に虹が見えるはずだとわかる。太陽の高度が高いときは，上の〈**図9**〉のような位置関係となり，虹のできる位置が下に移動するので，虹が見えにくくなっていくよ。**イ**は適切でない。

ウ　滝の近くでは水のつぶが多く，雨上がりと同じ状況と考えることができるね。**ウ**は適切である。

エ　正午付近では太陽は南中する，つまり南の空にあるので，太陽と同じ方向である南の空に虹は見えない。人に対して太陽と反対側に虹が見えるんだったね。**エ**は適切である。

よって，**イ**が答えだ。

問8

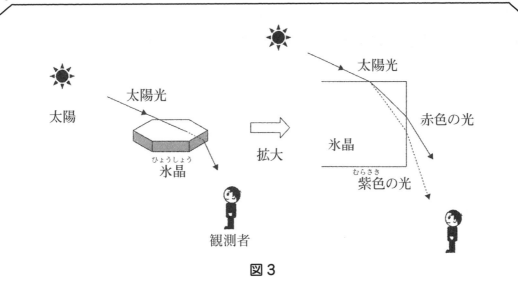

図3

　図3で観測される「逆さ虹」として，もっとも適切なものを以下の**ア〜エ**の中から1つ選び，記号で答えなさい。ただし，**ア〜エ**の図中の観測者は太陽に正面を向いたものとします。

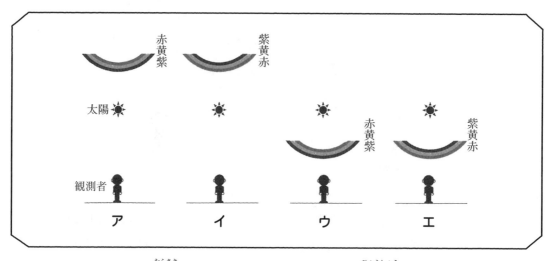

　図3を参考に，赤色と紫色の光が目に届くような位置の氷晶を考える。氷晶においても，**問6**と同じように，赤色の光より紫色の光のほうがよく曲がるので，赤色の光が目に届くような位置の氷晶より，紫色の光が目に届くような位置の氷晶のほうが上にある必要がある。

　知識の整理で書いたように，人間の脳は，光は直進して進むよう認識しているので，赤が下，紫が上にある，いわゆる「逆さ虹」が，太陽より上に観測されるはずだ。よって，**イ**が答えだ。

問題1の答え

問1　ア　　問2　エ　　問3　エ　　問4　ウ　　問5　(名称) プリズム　(向き) ウ

問6　エ　　問7　イ　　問8　イ

　音の伝わる速さと聞こえる時間について，**問1～問4**に答えなさい。ただし，答えが割り切れないときは，小数第2位を四捨五入して第1位まで求めなさい。

　図1のように，A点に固定されたスピーカーから1224mはなれた音をよく反射するがけに向けて，短い時間の音を出したところ，その反射音がA点で観測されるのに7.2秒かかりました。

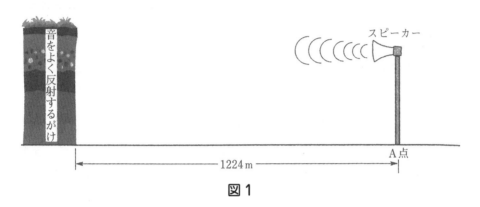

図1

問1　このとき，音の伝わる速さは毎秒何mですか。

　次に，**図2**のように，このがけに向かって毎秒20mの一定の速さで進んできた車が，A点を通った瞬間（しゅんかん）から2.7秒間クラクションを鳴らし続け，一定の速さのままで，がけに向かって進んで行きました。

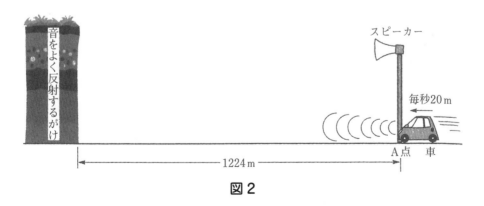

図2

問2　がけに反射したクラクションの音が，車に乗っている人にはじめて聞こえるのは，A点を通ってから何秒後ですか。

問3　がけに反射したクラクションの音が，車に乗っている人に聞こえなくなるのは，A点を通ってから何秒後ですか。

問4　A点に止まっていた人が聞くと，がけに反射したクラクションの音の長さは 2.7 秒間ですが，車に乗っている人には何秒間に聞こえますか。

〈2021年　城北中学校（改題）〉

知識の整理

音と振動

　ここからは音のお話だ。音は，音を出す音源（発音体）の振動によって，**まわりの空気や水，ガラスなど音を伝える物質が次々と振動し，それが伝わっていく現象**だ。

　例えば，たいこをたたいてみるとしよう！　すると，たいこの皮が振動し，そのまわりの空気を振動させる。次々と空気中をその振動が伝わり，耳のこ膜を振動させれば，僕たちは音を聞くことができる。

　ということは，音源のまわりに音を伝える物質がない真空中では……そう！　音は伝わらないんだね。

光と音の比較

　音も光同様，反射や屈折をする。ただ，大きな大きなちがいは……**速さだ！　光が1秒間に約 300,000 km 進むのに対し，音は1秒間に約 340 m 進む**。

　この速さのちがいが，花火の見えるタイミングと音の聞こえるタイミングのずれなど，身近な現象に現れることもあるね。

問1

A点に固定されたスピーカーから出た音は、がけで反射し、その反射音がA点で観測されるのに 7.2 秒かかったわけだから、

$$1224 \times 2 \div 7.2 = 340$$

よって、音が伝わる速さは**毎秒 340 m**、これが答えだ。

問2

これはまさに、算数でいう「出会い算」だね！ A点を通った瞬間の車から出たクラクションの音が、がけで反射し、その反射音を車に乗っている人が観測するわけだけれど、**そのとき車もがけのほうに移動している**ことに注意してほしい。

A点を通った瞬間の車から出たクラクションの音と車で $1224 \times 2 = 2448$ m 進むわけだから、

$$2448 \div (340 + 20) = 6.8 秒$$

よって、**6.8 秒後**、これが答えだ。

問3

A点を通った瞬間から 2.7 秒後の車から出すクラクションの音が、がけからの最後の反射音になるはずだ。このとき、車はA点から $20 \times 2.7 = 54$ m がけ側に進んでいるので、車がA点を通った瞬間から 2.7 秒後の図は、次の〈図 10〉のようになる。

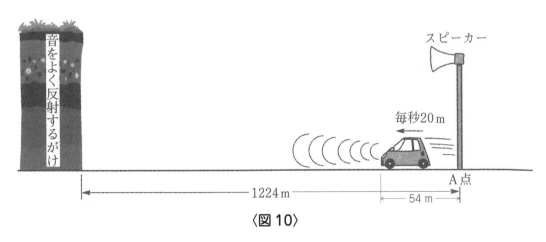

〈図 10〉

ここからは**問2**と同じ流れだね！〈**図10**〉の状況の車から出たクラクションの音ががけで反射し，その反射音を車に乗っている人が観測するまでにかかる時間は，

　　　(1224 − 54)× 2 ÷ (340 + 20)＝ 6.5 秒

　よって，車がＡ点を通ってから 2.7 ＋ 6.5 ＝ **9.2 秒後**，これが答えだ。

問4

　問2，**問3**より考えればよい。まさに，車に乗っている人には**問2**から**問3**の間，クラクションの音が聞こえるはずだ。よって，

　　　9.2 − 6.8 ＝ **2.4 秒間**，これが答えだ。

さらなる高みへ

　　今回の問題 2 では，2.7 秒間鳴らし続けたクラクションの音を，車では 2.4 秒間で聞いていることになるよね。このとき，2.7 秒分の音が 2.4 秒にせばまっていると考えられ，車に乗っている人には鳴らし続けたクラクションの音より，音が高く聞こえる。

　　逆に，例えば 2.4 秒間鳴らし続けたクラクションの音を，車では 2.7 秒間で聞いたような状況であるとき，2.4 秒分の音が 2.7 秒に広がっていると考えられ，車に乗っている人には鳴らし続けたクラクションの音より，音が低く聞こえる。この現象をドップラー効果というよ。

問題 2 の答え

問1　毎秒 340 m　　**問2**　6.8 秒後　　**問3**　9.2 秒後　　**問4**　2.4 秒間

　はーい，光と音，いかがだったでしょうか。算数の考え方もふくめ，よく復習してくださいね。次講からはいよいよ最終章，「物質」の分野に入るよ。

第4章

物　質

第13講　水溶液の反応

第14講　気体の性質

第15講　ものの溶け方

第16講　ものの燃え方

水溶液の反応

キュリーさん

　最終章は「物質」についてのお話です。まず本講では，**水溶液の反応**について学びます。さっそく，**問題1**を見てみよう。

問題1　水溶液の性質

　A〜Hは，水，アンモニア水，砂糖水，食塩水，食酢，うすい水酸化ナトリウム水溶液，石灰水，炭酸水のいずれかです。**実験1〜実験3**を行い，A〜Hがどの水または水溶液であるかを確かめました。**問1〜問3**に答えなさい。

実験1　A〜Hを試験管に少量ずつとり，それぞれにBTB溶液を加えたところ，A，Bは黄色，C，D，Eは緑色，F，G，Hは青色になった。

実験2　A〜Hのにおいをかいだところ，A，Fはにおいがした。

実験3　A〜Hを蒸発皿に少量ずつとり，加熱して蒸発させたところ，C，G，Hでは白い固体が残り，A，Dでは黒い固体が残った。

問1　水，アンモニア水，砂糖水，食塩水，食酢，うすい水酸化ナトリウム水溶液，石灰水，炭酸水はA〜Hのどれですか。それぞれ記号で答えなさい。ただし，**実験1〜実験3**の結果だけでは1つに決められないものには×を書きなさい。

問2　問1で×を書いた水または水溶液を区別する最もふさわしい方法はどれですか。次の**ア〜オ**の中から1つ選び，記号で答えなさい。

　ア　青色リトマス紙を入れる。　　**イ**　うすい塩酸を加える。
　ウ　くだいた貝がらを入れる。　　**エ**　ストローで息をふきこむ。
　オ　なめて味を見る。

問3　**実験3**の結果，Dが黒い固体になったのはなぜですか。理由を10字以内で答えなさい。

〈2021年　慶應義塾普通部（改題）〉

代表的な水溶液

水溶液がたくさん出てきたね。中学入試において出題される水溶液は，実は僕たちの生活に身近なものも多いんだ。代表的な水溶液を以下の〈表1〉にまとめるよ。知っているものは多いかな？

〈表1〉

溶けている ものの状態 ＼ 水溶液の性質	酸 性	中 性	アルカリ性
固 体	ホウ酸水	食塩水 砂糖水	水酸化ナトリウム水溶液 石灰水（水酸化カルシウム水溶液） 重そう水
液 体	酢酸水	アルコール水	
気 体	塩 酸 炭酸水		アンモニア水

〈表1〉のように，いろいろな水溶液について，**酸性・中性・アルカリ性のどの性質を示すか**，そして，**溶けているもの（溶質）の性質とその状態（固体・液体・気体）を区別しておさえる**と，どんな入試問題にも対応できるよ。

水溶液の色変化

水溶液が酸性・中性・アルカリ性のどの性質を示すかがわかると，指示薬（pH指示薬）を加えたときの色変化もおのずとわかるはずだ。中学入試でよく出題される**指示薬とその色変化**を，次ページの〈表2〉にまとめるよ。

物質

第**13**講　水溶液の反応

指示薬 ＼ 水溶液の性質	酸　性		中　性	アルカリ性	
赤色リトマス紙	変化なし（赤色）		変化なし（赤色）	青色	
青色リトマス紙	赤色		変化なし（青色）	変化なし（青色）	
BTB溶液	黄色		緑色	青色	
フェノールフタレイン溶液	無色		無色	赤色	
ムラサキキャベツ液	（強酸性）赤色	（弱酸性）ピンク色	紫色	（弱アルカリ性）緑色	（強アルカリ性）黄色

においがある水溶液

においがある水溶液をまとめておこう。においがあるということは，溶けているものが液体か気体である水溶液の中から考える必要があるよ。〈**表1**〉の中では，酢酸水，塩酸，アルコール水，アンモニア水だね。

ちなみに，溶けているものが液体や気体である水溶液をそのまま熱し続けると，何も残らないこともあわせて覚えておこう。

電流を通す水溶液

電流を通す水溶液もまとめておこう。酸性，アルカリ性の水溶液は電流を通す。また，中性の水溶液の中では，食塩水は電流を通すことをおさえよう。〈**表1**〉の中では，**ホウ酸水，酢酸水，塩酸，炭酸水，食塩水，水酸化ナトリウム水溶液，石灰水（水酸化カルシウム水溶液），重そう水，アンモニア水**だね。

さらなる高みへ

水に溶けるとき，電離して溶ける（イオンに分かれて溶ける）もの（電解質）が溶けている水溶液は電流を通すよ。

それに対して，水に溶けるとき，電離せずに溶ける（イオンに分かれず溶ける）もの（非電解質）が溶けている水溶液は電流を通さないよ。

問1

> **実験1** A〜Hを試験管に少量ずつとり，それぞれにBTB溶液を加えたところ，
> A，Bは黄色，C，D，Eは緑色，F，G，Hは青色になった。
>
> **実験2** A〜Hのにおいをかいだところ，A，Fはにおいがした。
>
> **実験3** A〜Hを蒸発皿に少量ずつとり，加熱して蒸発させたところ，C，G，
> Hでは白い固体が残り，A，Dでは黒い固体が残った。
>
>
> 　水，アンモニア水，砂糖水，食塩水，食酢，うすい水酸化ナトリウム水溶液，
> 石灰水，炭酸水はA〜Hのどれですか。それぞれ記号で答えなさい。ただし，
> **実験1〜実験3**の結果だけでは1つに決められないものには×を書きなさい。

　水，アンモニア水，砂糖水，食塩水，食酢，うすい水酸化ナトリウム水溶液，石灰水，炭酸水を，酸性・中性・アルカリ性の水溶液（以降，水をふくめるものとする）に分類すると，次のようになる。

　　　酸性の水溶液…食酢，炭酸水

　　　中性の水溶液…水，砂糖水，食塩水

　　　アルカリ性の水溶液…アンモニア水，うすい水酸化ナトリウム水溶液，石灰水

　実験1の結果から，A，Bは酸性の水溶液より食酢または炭酸水，C，D，Eは中性の水溶液より水，砂糖水または食塩水，F，G，Hはアルカリ性の水溶液よりアンモニア水，うすい水酸化ナトリウム水溶液または石灰水であることがわかる。

　8つの水溶液のうち，**においがある**のはアンモニア水，食酢だね。**実験2**の結果から，A，Fはアンモニア水または食酢だ。**実験1**の結果とあわせて，**食酢…A，アンモニア水…F**とわかる。また，酸性の水溶液は2つしかないから，**炭酸水…B**も決定できるね。

　8つの水溶液のうち，**蒸発皿に少量ずつとり，加熱して蒸発させると白い固体が残る**のは，食塩水，うすい水酸化ナトリウム水溶液，石灰水だね。**実験3**の結果より，C，G，Hは食塩水，うすい水酸化ナトリウム水溶液または石灰水であることがわかる。**実験1**の結果からCは中性の水溶液であるから，**食塩水…C**とわかる。

　8つの水溶液のうち，蒸発皿に少量ずつとり，**加熱して蒸発させると黒い固体が残る**のは，砂糖水，食酢だね。A，Dは砂糖水または食酢であることがわかる。食酢を加熱して蒸発させると黒い固体が残る……？ ピンとこない！と思うかもしれない。ただ，こ

れを知らなくとも，今回は**実験1**，**実験2**の結果から食酢…Aはすでに決定できている。よって，砂糖水…Dとわかる。

　実験3の結果から，蒸発皿に少量ずつとり，加熱して蒸発させると，B，E，Fには何も残らないと考えられるね。炭酸水…B，アンモニア水…Fはすでに決定しているので，水…Eとわかる。

　G，Hは**実験1**〜**実験3**の結果だけでは，共にアルカリ性の水溶液で溶けているものが固体である，うすい水酸化ナトリウム水溶液，または石灰水かを決められないね。よって，うすい水酸化ナトリウム水溶液…×，石灰水…×となる。これらをまとめると答えだ。

問2

> 　問1で×を書いた水または水溶液を区別する最もふさわしい方法はどれですか。次の**ア〜オ**の中から1つ選び，記号で答えなさい。
>
> **ア**　青色リトマス紙を入れる。　　**イ**　うすい塩酸を加える。
>
> **ウ**　くだいた貝がらを入れる。　　**エ**　ストローで息をふきこむ。
>
> **オ**　なめて味を見る。

　ア〜オの中で，うすい水酸化ナトリウム水溶液または石灰水を区別できるのは**エ**の選択肢しかない。**二酸化炭素をふきこんで，白くにごるほうが石灰水，にごらないほうがうすい水酸化ナトリウム水溶液**だ。他の選択肢も，一つひとつ確認しよう。

ア　青色リトマス紙を入れても，共にアルカリ性の水溶液なので，共に青色のまま変化しない。

イ　うすい塩酸を加えると，共にアルカリ性の水溶液なので，共に中和がおこるけれど，反応として区別はできない。

ウ　貝がらには炭酸カルシウムがふくまれているけれど，炭酸カルシウムはうすい水酸化ナトリウム水溶液，石灰水とは反応しない。

オ　基本的に，どんな水溶液かわからないとき，なめて味を見ることでその水溶液を判断することはないね。今回，共に強いアルカリ性の水溶液なので，なめるのはとても危険だね……。

水酸化カルシウム（消石灰）を溶かした水溶液である石灰水に二酸化炭素を
ふきこむと，水に溶けにくい炭酸カルシウムができて，白くにごるよ。炭酸カ
ルシウムは貝がらや石灰石，大理石にふくまれている物質と同じだね。

さらにそのまま二酸化炭素をふきこみつづけると，炭酸カルシウムが反応し，
水に溶けやすい炭酸水素カルシウムができるので，にごりが消えてしまうよ。

石灰水　　　　　　　白くにごる　　　　　　にごりが消える

問3

実験3の結果，Dが黒い固体になったのはなぜですか。理由を10字以内で
答えなさい。

砂糖には炭素がふくまれるので，**加熱すると黒いこげができる**。これを記述すれば答
えだ。

さらなる高みへ

砂糖にはショ糖（スクロース）という，炭素をふくむ物質がふくまれている。
炭素をふくむ物質を有機物（二酸化炭素など例外あり），有機物以外の物質を無
機物というよ。有機物の多くには，水素もふくまれているよ。

問題1の答え

問1　水…E　アンモニア水…F　砂糖水…D　食塩水…C　食酢…A
うすい水酸化ナトリウム水溶液…×　石灰水…×　炭酸水…B

問2　エ　　**問3**　〔解答例〕**砂糖がこげたから。**（9字）

物

質

第 **13** 講　水溶液の反応

　塩酸と水酸化ナトリウム水溶液（すいようえき）を反応させると，食塩（塩化ナトリウム）が生成します。この反応について次の文を読み，**問 1 ～問 7** に答えなさい。

　水溶液 X と水溶液 Y は，塩酸または水酸化ナトリウム水溶液のどちらかです。この水溶液を使って**実験 1**，**実験 2** を行いました。

実験 1　試験管を 11 本用意して，各試験管に水溶液 X を 4 mL ずつ入れた。そこに水溶液 Y をそれぞれ 0，1，2，…10 mL ずつ加えて反応させた後，蒸発皿で十分に加熱し，蒸発皿に残った物質の重さをはかった。結果をグラフにまとめると，**図 1** のようになった。

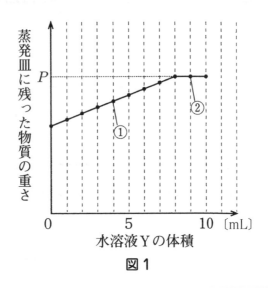

図 1

実験2　試験管を 11 本用意して，各試験管に水溶液 Y を 4 mL ずつ入れた。そこに水溶液 X をそれぞれ 0，1，2，…10 mL ずつ加えて反応させた後，蒸発皿で十分に加熱し，蒸発皿に残った物質の重さをはかった。結果をグラフにまとめると，図 2 のようになった。

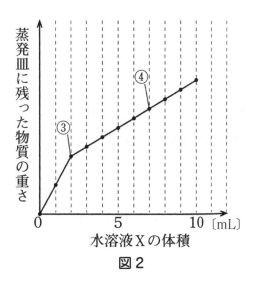

図2

問1　塩酸，水酸化ナトリウム水溶液，食塩水を蒸発皿に入れ，十分加熱しました。蒸発皿に固体が残るものはどの水溶液ですか。すべて選び，記号で答えなさい。

　　ア　塩酸　　イ　水酸化ナトリウム水溶液　　ウ　食塩水　　エ　なし

問2　実験1で反応の終わった水溶液が中性になるのは，水溶液 Y を何 mL 加えたときですか。

問3　水溶液 X はどちらの水溶液ですか。

問4　図1の点①，②において，蒸発皿に残った物質は何ですか。それぞれすべて選び，記号で答えなさい。

　　ア　食塩　　イ　塩化水素　　ウ　水酸化ナトリウム　　エ　なし

問5　図2の点③, ④において, 蒸発皿に残った物質を水に溶かすと, 水溶液は何性になりますか。酸性ならA, アルカリ性ならB, 中性ならNと答えなさい。

問6　水溶液X 8 mLと水溶液Y 4 mLを混ぜた水溶液があります。この水溶液を中性にするには, どちらの水溶液を何mL加えればよいですか。水溶液の種類はX, Yいずれかの記号で答えなさい。

問7　問6で中性になった水溶液を蒸発皿に移し, 十分に加熱したのち, 蒸発皿に残った物質の重さをはかると0.58 gでした。図1のPは何gになりますか。

〈2021年　獨協中学校（改題）〉

知識の整理

● 中 和

　酸性の水溶液と, アルカリ性の水溶液を混ぜると, **互いの性質を打ち消しあう**。この反応を**中和**（中和反応）というよ。中和がおこると, もとの水溶液に入っている酸やアルカリ塩基とはまったく異なる物質（塩）と水が生じるんだ。

　　　酸 ＋ アルカリ ⟶ 塩 ＋ 水

　さて, 中和後の水溶液を蒸発皿で十分に加熱したとき, 何が蒸発皿に残るかを考えよう。

　まず, 酸とアルカリが過不足なく反応する, **完全中和**がおこるときについて。中和後の水溶液には, 中和により生じた塩しか溶けていないので, その水溶液を加熱すると, その塩のみが固体として残るはずだ。

　次に, 酸やアルカリのどちらかの一部が反応せずに残っている, **部分中和**がおこるときについて。中和後の水溶液には, 中和により生じた塩と, 反応せずに残った酸またはアルカリの一部が溶けていて, その水溶液を加熱すると, 塩以外の固体が残ることがある。このとき, 塩以外の固体はなんだろうか。

　これは, **反応せずに残った酸またはアルカリ**だ。では, どんな酸またはアルカリが固体として残る可能性があるかな？　実はこれは, **問題1**の知識の整理でこっそりとにおわせたところだった。

反応せずに残った酸やアルカリが液体や気体であれば，中和後の水溶液を加熱しても，その酸やアルカリは残らない。逆に，反応せずに残った酸やアルカリが固体であれば，中和後の水溶液を加熱すると，その酸やアルカリが固体として残るんだね。よく注意してね！

問題2の解説

問1

塩酸，水酸化ナトリウム水溶液，食塩水を蒸発皿に入れ，十分加熱しました。蒸発皿に固体が残るものはどの水溶液ですか。すべて選び，記号で答えなさい。

ア 塩酸　　**イ** 水酸化ナトリウム水溶液　　**ウ** 食塩水　　**エ** なし

塩酸には気体の塩化水素が，水酸化ナトリウム水溶液には**固体の水酸化ナトリウム**が，食塩水には**固体の食塩（塩化ナトリウム）**が溶けている。よって，蒸発皿に入れ，十分加熱したとき，蒸発皿に固体が残る水溶液は，**イ**「水酸化ナトリウム水溶液」，**ウ**「食塩水」だね。これらが答えだ。

問2

実験1で反応の終わった水溶液が中性になるのは，水溶液Yを何mL加えたときですか。

塩酸と水酸化ナトリウム水溶液が**過不足なく反応する，完全中和がおこる**ところを見極めることが大切だ。**図1のグラフが折れ曲がっているところに注目！** そのとき反応する水溶液Xと水溶液Yの量を右の〈図1〉のように書き出しておくと，**問6**の計算がしやすくなるよ。よって，反応の終わった水溶液が中性になるのは，水溶液Yを**8mL**加えたときだね。これが答えだ。

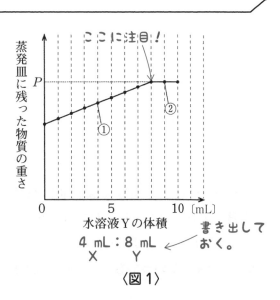

〈図1〉

問3

水溶液 X はどちらの水溶液ですか。

実験2について，図2のグラフが折れ曲がっているところに，右の〈図2〉のように注目すれば，塩酸と水酸化ナトリウム水溶液が過不足なく反応する，完全中和がおこるところは点③だ。

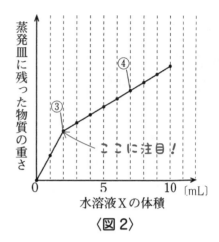

〈図2〉

下の〈図3〉で，図1，図2の，塩酸と水酸化ナトリウム水溶液が過不足なく反応しているところ以降を見比べてみよう。図1ではそれ以降，水溶液 Y を加えても，蒸発皿に残った物質の重さは変化しないのに対し，図2ではそれ以降も，水溶液 X を加えていくと，蒸発皿に残った物質の重さは増えていく。

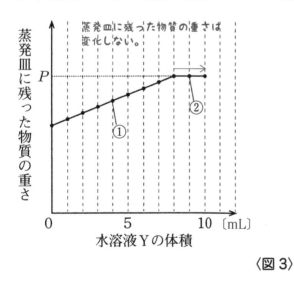

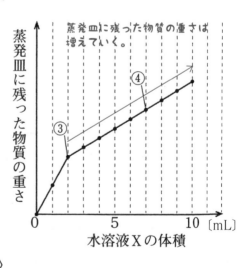

〈図3〉

わかったかな？ **水溶液 X は水酸化ナトリウム水溶液，水溶液 Y は塩酸だ！**

実験1では，完全中和がおこったあとは，食塩水と塩酸の混合水溶液となり，加熱すると気体の塩化水素は蒸発皿に残らないので，完全中和がおこったあとさらに水溶液 Y（塩酸）を加えていっても，蒸発皿に残る物質の重さは変わらない。

実験2では，完全中和がおこったあとは，食塩水と水酸化ナトリウム水溶液の混合水溶液となり，加熱すると固体の水酸化ナトリウムは蒸発皿に残るので，**完全中和がおこったあとさらに水溶液X（水酸化ナトリウム水溶液）を加えていくと，蒸発皿に残る物質の重さは増えていくんだね。水溶液Xは水酸化ナトリウム水溶液**，これが答えだ。

問4

> 　**図1**の点①，②において，蒸発皿に残った物質は何ですか。それぞれすべて選び，記号で答えなさい。
>
> 　**ア**　食塩　　**イ**　塩化水素　　**ウ**　水酸化ナトリウム　　**エ**　なし

　点①は，グラフが折れ曲がっているところの手前なので，部分中和が起こっている。水溶液Y（塩酸）が足りないので，中和後の水溶液には，食塩と，反応せずに残った水酸化ナトリウムが溶けているね。その水溶液を蒸発皿に入れ加熱すれば，**ア「食塩」**と**ウ「水酸化ナトリウム」**が残る。

　点②は，グラフが折れ曲がっているところのあとなので，こちらも部分中和がおこっている。水溶液X（水酸化ナトリウム水溶液）が足りないので，中和後の水溶液には，食塩と，反応せずに残った塩化水素が溶けているね。その水溶液を蒸発皿に入れ加熱すれば，**ア「食塩」**のみが残る。これらが答えだ。

問5

> 　**図2**の点③，④において，蒸発皿に残った物質を水に溶かすと，水溶液は何性になりますか。酸性ならA，アルカリ性ならB，中性ならNと答えなさい。

　問4と同じように考えよう。

　点③は，グラフが折れ曲がっているところの手前なので，部分中和が起こっている。水溶液X（水酸化ナトリウム水溶液）が足りないので，中和後の水溶液には，食塩と，反応せずに残った塩化水素が溶けているね。その水溶液を蒸発皿に入れ加熱すれば，食塩のみが残る。これを水に溶かすと，食塩水ができるので，その水溶液は**中性**となる。

　点④は，グラフが折れ曲がっているところのあとなので，こちらも部分中和がおこっている。水溶液Y（塩酸）が足りないので，中和後の水溶液には，食塩と，反応せずに残った水酸化ナトリウムが溶けているね。その水溶液を蒸発皿に入れ加熱すれば，食塩と水酸化ナトリウムが残る。これを水に溶かすと，食塩水と水酸化ナトリウム水溶液の混合

水溶液ができるので，その水溶液は**アルカリ性**となる。点③は **N**，点④は **B** が答えだ。

問6

水溶液 X 8 mL と水溶液 Y 4 mL を混ぜた水溶液があります。この水溶液を中性にするには，どちらの水溶液を何 mL 加えればよいですか。水溶液の種類は X，Y いずれかの記号で答えなさい。

問2で，〈**図1**〉のように，図1の下に完全中和のときに反応する水溶液 X（水酸化ナトリウム水溶液）と水溶液 Y（塩酸）の量を書き出していたね。

4 mL : 8 mL，つまり **1：2 の体積比**で反応するわけだね！

問6では，水溶液 X（水酸化ナトリウム水溶液）が 8 mL あるので，完全中和に必要な水溶液 Y（塩酸）は，

$$4 : 8 = 8 : \square$$
$$\therefore \square = 16$$

よって，水溶液 X 8 mL と水溶液 Y 4 mL を混ぜた水溶液を中性にするには，**水溶液 Y** を，16 − 4 = **12 mL** 加えればよい。これが答えだ。

問7

問6で中性になった水溶液を蒸発皿に移し，十分に加熱したのち，蒸発皿に残った物質の重さをはかると 0.58 g でした。**図1**の P は何 g になりますか。

水溶液 X 8 mL と水溶液 Y 16 mL を混ぜて中性になった水溶液を蒸発皿で十分に加熱すると，0.58 g の食塩が得られるわけだね。**図1**の完全中和がおこるところでは，水溶液 X 4 mL と水溶液 Y 8 mL を混ぜているので，その水溶液を蒸発皿で十分に加熱すると，0.58 ÷ 2 = 0.29 g の食塩が得られるはずだ。よって，P は **0.29 g**，これが答えだ。

問題2の答え

問1　イ，ウ　　問2　8 mL　　問3　水酸化ナトリウム水溶液

問4　① ア，ウ　　② ア　　問5　③ N　　④ B

問6　（水溶液）Y　　（体積）12 mL　　問7　0.29 g

最後にもう一問，**水溶液と金属の反応**についての問題にチャレンジ！

次の文を読み，**問1～問4**に答えなさい。

塩酸と水酸化ナトリウム水溶液を混ぜると，酸性とアルカリ性が打ち消し合います。また，混合水溶液が中性になるときを「ちょうど中和する」といいます。ある濃度の塩酸A，ある濃度の水酸化ナトリウム水溶液B，アルミニウムを用いて，**実験1～実験4**をしました。

実験1　塩酸Aが100 mL入ったフラスコをいくつか用意し，それぞれのフラスコにさまざまな体積の水酸化ナトリウム水溶液Bを加えて混合水溶液にした。

実験2　**実験1**の混合水溶液にアルミニウム0.45 gをそれぞれ加えると，アルミニウムが溶けて水素が発生した。ただし，アルミニウムがまったく溶けなかったものや，アルミニウムが溶け残ったものもあった。

実験3　**実験2**で発生した水素の体積をはかった。

実験4　塩酸A 100 mLに加えた水酸化ナトリウム水溶液Bの体積と，混合水溶液にアルミニウムを加えたときに発生した水素の体積の関係をグラフにまとめると，**図1**のようになった。

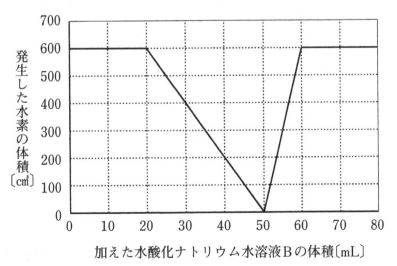

図1

問1　塩酸 A 100 mL とちょうど中和する水酸化ナトリウム水溶液 B は何 mL ですか。

問2　アルミニウム 0.45 g とちょうど反応する塩酸 A は何 mL ですか。

問3　塩酸 A 50 mL にアルミニウム 0.45 g を入れたとき，発生する水素の体積は何 cm^3 ですか。

問4　塩酸 A 200 mL に水酸化ナトリウム水溶液 B を 105 mL 加えた混合水溶液に，アルミニウムを 0.3 g 入れました。このとき発生する水素の体積は何 cm^3 ですか。

〈2021 年　明治大学付属中野中学校（改題）〉

知識の整理

⬤ 水溶液と金属の反応

水溶液と金属との反応を考えてみよう。水溶液と金属との反応はさまざまあるけれど，中学入試で出題されるのは，次の〈表3〉の組み合わせで，**金属が溶けるか溶けないか**を問う問題が多い。

〈表3〉

水溶液＼金属	アルミニウム, 亜鉛	鉄	銅, 銀, 金
塩　酸	溶ける	溶ける	溶けない
水酸化ナトリウム水溶液	溶ける	溶けない	溶けない

　塩酸にアルミニウムや亜鉛，鉄を加えても，水酸化ナトリウム水溶液にアルミニウムや亜鉛を加えても，水素が発生することを知っておこう。〈表3〉を応用すれば，塩酸か水酸化ナトリウム水溶液かわからない水溶液に鉄を加えて反応を観察することで，その水溶液が塩酸か水酸化ナトリウム水溶液かを見極めることもできるね。

さらなる高みへ

　中学入試で，塩酸とマグネシウムとの反応が出題されたこともあるよ。塩酸にマグネシウムを加えると，マグネシウムは溶けて水素が発生するけれど，水酸化ナトリウム水溶液にマグネシウムを加えても，マグネシウムは溶けない。

　ちなみに，アルミニウムや亜鉛（あえん）のように，酸ともアルカリとも反応できる金属を両性金属というよ。

問題3の解説

問1

　問題3では，金属としてアルミニウムを加えている。**塩酸や水酸化ナトリウム水溶液にアルミニウムを加えると，アルミニウムは溶けて，水素が発生する**ので，部分中和がおこり，中和後の水溶液が食塩水と塩酸の混合水溶液となる場合や，部分中和がおこり，食塩水と水酸化ナトリウム水溶液の混合水溶液となる場合でも，加えたアルミニウムは溶けて，水素が発生することに注意したい。完全中和や部分中和のお話は，**問題2**でしっかり学んだね！ 怪（あや）しいな，と思ったら，**問題2**をもう一度確認してみてね。

　よって，加えたアルミニウムが溶けず，水素が発生しないのは，塩酸と水酸化ナトリウム水溶液が完全中和して，中和後の水溶液が食塩水となる場合だとわかる。**図1**より，塩酸A 100 mLとちょうど中和する水酸化ナトリウム水溶液Bは**50 mL**，これが答えだ。

　そして**問題2**同様，**図1**から酸とアルカリが過不足なく反応する，完全中和がおこるところを見極めたら，そのときの反応する塩酸Aと水酸化ナトリウム水溶液B（今回，水ナト水Bと表記）の量を，次の〈**図4**〉のように書き出しておくとよいのだったね。

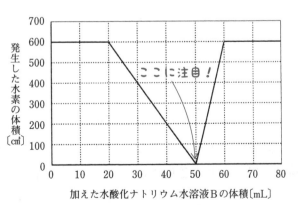

〈図4〉

問2

さあ，**図1**をさらに深く読みとこう。

問1より，塩酸A 100 mLとちょうど中和する水酸化ナトリウム水溶液Bは50 mLなので，加えた水酸化ナトリウム水溶液Bの体積が50 mLより少ないとき，水酸化ナトリウム水溶液Bが足りず，中和後の水溶液は，食塩水と塩酸の混合水溶液と

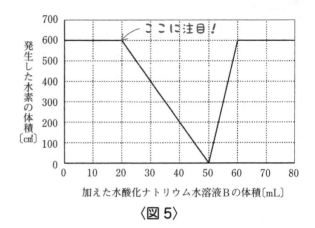

〈図5〉

なる。いつもどおり，右の〈**図5**〉のように，グラフが折れ曲がっているところに注目しよう！

このとき，アルミニウム0.45 gと，中和後の水溶液中の塩酸が**過不足なく反応してい**るんだね。加えた水酸化ナトリウム水溶液B 20 mLと中和する塩酸Aは，

$$100 : 50 = \square : 20$$
$$\therefore \square = 40 \text{ mL}$$

塩酸A 100 mLのうち，40 mLは水酸化ナトリウム水溶液Bと中和しているので，アルミニウム0.45 gとちょうど反応する塩酸Aは $100 - 40 = 60$ **mL**。これが答えだ。**問1**同様，反応するアルミニウムと塩酸Aの量，そして発生した水素の量を書き出しておくとよいね。

$$0.45 \text{ g} \quad : \quad 60 \text{ mL} \quad : \quad 600 \text{ cm}^3$$

アルミニウム 塩酸A 水素 ←書き出しておく

また，加えた水酸化ナトリウム水溶液Bの体積が50 mLより多いとき，塩酸Aが足りず，中和後の水溶液は，食塩水と水酸化ナトリウム水溶液の混合水溶液となる。いつもどおり，右の〈**図6**〉のように，グラフが折れ曲がっているところに注目しよう！

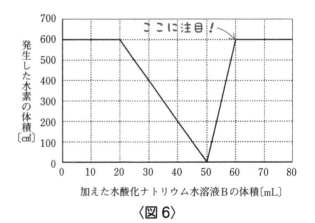

〈図6〉

このとき，アルミニウム0.45 gと，中和後の水溶液中の水酸化ナトリウム水溶液が

過不足なく反応しているんだね。加えた水酸化ナトリウム水溶液 B 60 mL のうち，50 mL は塩酸 A 100 mL と中和しているので，アルミニウム 0.45 g とちょうど反応する水酸化ナトリウム水溶液 B は 60 − 50 = 10 mL。これも反応するアルミニウムと水酸化ナトリウム水溶液 B の量，そして発生した水素の量を書き出しておこう。問4で用いるよ。

$$0.45 \text{ g} \quad : \quad 10 \text{ mL} \quad : \quad 600 \text{ cm}^3$$

アルミニウム　水ナト水 B　　水素　　　←書き出しておく

問3

問2より，アルミニウム 0.45 g は塩酸 A 60 mL とちょうど反応し，そのとき水素が 600 cm³ 発生する。よって，塩酸 A 50 mL にアルミニウム 0.45 g を入れたとき，塩酸 A が足りずにすべて反応するので，発生する水素は，

$$60 : 600 = 50 : \triangle$$

ゆえに
$$\therefore \triangle = 500 \text{ cm}^3$$

これが答えだ。

問4

問1より，塩酸 A 100 mL とちょうど中和する水酸化ナトリウム水溶液 B は 50 mL なので，塩酸 A 200 mL と中和する水酸化ナトリウム水溶液 B は，

$$100 : 50 = 200 : \bigcirc$$

$$\therefore \bigcirc = 100 \text{ mL}$$

よって，今回の混合水溶液は，水酸化ナトリウム水溶液 B が 105 − 100 = 5 mL ある状況と同じだと考えられる。

問2より，アルミニウム 0.45 g は水酸化ナトリウム水溶液 B 10 mL とちょうど反応し，そのとき水素が 600 cm³ 発生する。よって，水酸化ナトリウム水溶液 B 5 mL にアルミニウム 0.3 g を入れたとき，水酸化ナトリウム水溶液 B が足りずにすべて反応するので，発生する水素は，

$$10 : 600 = 5 : \bigodot$$

$$\therefore \bigodot = 300 \text{ cm}^3$$

これが答えだ。

問題3の答え

問1　50 mL　　問2　60 mL　　問3　500 cm³　　問4　300 cm³

気体の性質

キュリーさん

本講では，**気体の性質**について学びます。それでは**問題**を見てみよう。

問 題 気体の性質

　5種類の気体A～Eに関する文を読み，**問1～問6**に答えなさい。ただし，気体を水に溶かしても，溶液の体積は変化しないものとします。

　表1は，5種類の気体A～Eのつくり方や特徴について書かれています。

表1

気 体	つくり方や特徴
A	亜鉛に塩酸を加える。
B	過酸化水素水に二酸化マンガンを加える。
C	石灰石に塩酸を加える。
D	気体Aと窒素を反応させる。肥料の原料などに使われる。
E	気体Aと塩素を反応させる。水に溶けやすく，その水溶液は塩酸とよばれ，鉄を溶かし，気体Aを発生させる。

問1　水酸化ナトリウム水溶液を加えると気体Aが発生する金属を，次の**ア～オ**のうちから1つ選び，記号で答えなさい。

　ア 鉄　**イ** 銅　**ウ** 金　**エ** 銀　**オ** アルミニウム

問2　気体Bと気体Cのどちらにもあてはまらないものを，次の**ア～オ**のうちから1つ選び，記号で答えなさい。

　ア　石灰水にふきこむと，水溶液が白くにごる。
　イ　水上置換法で集めることが多い。
　ウ　ものを燃やすはたらきがある。

エ 空気中で燃焼して水ができる。

オ 水に少し溶けて，その水溶液は青色リトマス紙を赤く変化させる。

表2は，純水にBTB溶液を入れ，5種類の気体A～Eをふきこんだ結果を表しています。

表2

気体の種類	気体A	気体B	気体C	気体D	気体E
BTB溶液を加えた水溶液の色	緑色	緑色	黄色	あ	黄色

問3 表2の あ にあてはまる色を，次のア～エの中から1つ選び，記号で答えなさい。

ア 赤色　　イ 青色　　ウ 黄色　　エ 緑色

気体Aと気体Bを反応させると，液体Xができます。気体Aと気体Bの体積を変えて反応させると，結果①～④のようになりました。それを表3に示します。

表3

	結果①	結果②	結果③	結果④
気体Aの体積〔L〕	2.0	2.0	3.0	5.0
気体Bの体積〔L〕	1.0	2.0	2.0	3.0
液体Xの重さ〔g〕	1.60	1.60	い	4.00
反応しないで残った気体の体積〔L〕	0	1.0	0.5	う

問4 表3の い ， う にあてはまる数値をそれぞれ答えなさい。

気体E 3.0 Lを水1 Lに溶かして水溶液Yをつくりました。水溶液Yにいろいろな重さの水酸化ナトリウムを加えて完全に溶かしたあと，BTB溶液で水溶

液の性質を調べました。次に，その混合水溶液を加熱し，水などを完全に蒸発させて，残った固体の重さを測定しました。その結果を**表4**に示します。

表4

加えた水酸化ナトリウムの重さ〔g〕	2.00	3.00	5.00	7.00	8.50
BTB溶液を加えた水溶液の色	黄色	黄色	緑色	青色	青色
残った固体の重さ〔g〕	2.92	**え**	7.30	9.30	**お**

問5 表4の　**え**　，　**お**　にあてはまる数値をそれぞれ答えなさい。

問6 水溶液Yに水酸化ナトリウムを6.50 g加えた水溶液を中性にするためには，気体Eをあと何L溶かせばよいですか。

〈2021年　浅野中学校（改題）〉

知識の整理

代表的な気体

　さて，たくさんの気体の発生法が出てきたね。中学入試において出題される気体は，水溶液同様僕たちの生活に身近なものも多いよ。
　まずは，代表的な気体の特徴を次の〈表1〉にまとめるよ。確認してみよう！

〈表1〉

	酸素	二酸化炭素	水素	窒素	アンモニア	塩化水素
色，におい	無色無臭	無色無臭	無色無臭	無色無臭	無色刺激臭	無色刺激臭
重さ（空気との比較）	空気より少し重い	空気より重い	空気より軽い	空気より少し軽い	空気より軽い	空気より重い
水への溶けやすさ	溶けにくい	少し溶ける	溶けにくい	溶けにくい	非常によく溶ける	非常によく溶ける

気体の色とにおい

この6つの気体はすべて**無色**の気体だ！ においがあるのは，**アンモニア，塩化水素**だね。共に**刺激臭**がするよ。

さらなる高みへ

塩素（黄緑色）やオゾン（淡青色）など，色のついた気体も存在します。また，刺激臭以外に，硫化水素の腐卵臭，オゾンの特異臭といったにおいもあります。

気体の重さ（空気との比較）

酸素が空気より少しだけ重い（約1.1倍）こと，二酸化炭素は空気より重く，その重さは空気の約1.5倍であることまで知っていると素敵だね。ちなみに最も軽い気体は水素だよ。

気体の水への溶けやすさと捕集法

気体の水への溶けやすさは，その気体の集め方と共におさえると便利だよ。気体の捕集法としては，**水上置換法，上方置換法，下方置換法**の3つがあるけれど，どのように使い分けるかを整理しよう。

まずは，集めたい気体が水に溶けやすいか溶けにくいかで区別しよう。**水に溶けにくい気体を集めるときは，水上置換法で決まり！** 水と入れかえて気体を集める方法なので，気体がどれだけ集まったか，その量が目で見てわかるという利点があるよ。あとは，空気が混ざりにくいという利点もある。

では，**水に溶ける気体を集める**ときはどうだろう。こちらは水に溶けてしまう以上，水上置換法では集めることができないね。そんなときは，集めたい気体が**空気よりも軽い**か重いかで，**上方置換法**か**下方置換法**を使い分けるんだ。

水に溶け，空気よりも軽い気体は**上方置換法**で，水に溶け，空気よりも重い気体は**下方置換法**で集めるといいね。

ちなみに，中学入試で出題される上方置換法で集める気体は**アンモニア**くらい。また，二酸化炭素は水に少し溶けるので，ふつう下方置換法で集めるけれど，下方置換法ではどうしても空気が混ざってしまう。なので，なるべく純粋な二酸化炭素を集めたいときは，水上置換法を用いることもある。

先ほどの6つの気体について，次ページの〈図1〉でまとめてチェックだ！

酸素　二酸化炭素　水素　窒素（ちっそ）　アンモニア　塩化水素

水に溶けにくい　　　　水に溶けやすい

空気より軽い　　空気より重い

水上置換（法）

水に溶けにくい気体

酸素,二酸化炭素,水素,窒素

上方置換（法）

空気より軽い気体

アンモニア

下方置換（法）

空気より重い気体

二酸化炭素，塩化水素

〈図1〉

気体のつくり方

代表的な気体のつくり方を，まとめて確認しよう。中学入試に出題されやすいのは，**酸素，二酸化炭素，水素のつくり方**だ。

酸　素

右の〈図2〉のように，二酸化マンガンに過酸化水素水を加える方法が大切だ。そのとき，酸素と水ができる。

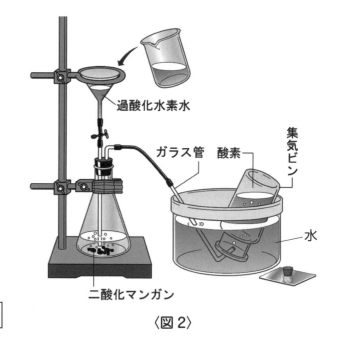

過酸化水素水

ガラス管　酸素

集気ビン

水

二酸化マンガン

〈図2〉

過酸化水素 ⟶ 酸素 ＋ 水

あれ……？　上の式に，二酸化マンガンが書いてありません。ミスプリントですか！？

ミスプリントではないよ！ この反応では，二酸化マンガンは**触媒**としてはたらくんだ。
反応の進行を促進させる役割で，触媒は**反応の前後で他の物質に変化しない**んだね。よっ
て，反応式には出てこないことをおさえておこう。

二酸化マンガンの代わりに，肝臓片（レバー）やすりおろしたジャガイモなども使え
るよ。

さらなる高みへ

肝臓片（レバー）やすりおろしたジャガイモには，カタラーゼという酵素がふ
くまれている。それが，二酸化マンガンと同じように触媒の役割をするんだね。

もう１つ知っておいてほしい酸素の発生方法として，**過炭酸ナトリウムを熱する**とい
う方法がある。酸素系漂白剤などにふくまれる物質ではあるけれど，知っているかな？
ぜひこちらも覚えておこう。

さらなる高みへ

過炭酸ナトリウムを用いた酸素の発生方法は，高校以降の教科書にはまったく
出てこない。中学校の教科書には載っているのに，不思議だね。

▶二酸化炭素

以下の〈図3〉のように，**二酸化炭素の発生法**は，次の3パターン（＋α）を確実に
おさえよう。

まずは，**石灰石に塩酸を加える**方法。そのとき，二酸化炭素の発生と共に，水と塩化
カルシウムもできる。

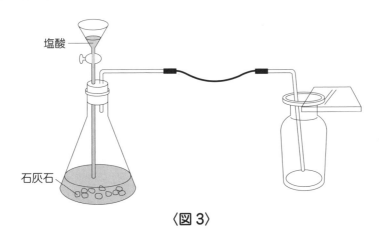

塩酸

石灰石

〈図3〉

石灰石 ＋ 塩化水素 ⟶ 二酸化炭素 ＋ 水 ＋ 塩化カルシウム

石灰石の主成分は炭酸カルシウムとよばれる物質で，貝がらや大理石，学校の黒板で使うチョークにもふくまれているよ。

次に，**重そうに塩酸を加える**方法。そのとき，二酸化炭素の発生と共に，水と食塩（塩化ナトリウム）もできる。

重そう ＋ 塩化水素 ⟶ 二酸化炭素 ＋ 水 ＋ 塩化ナトリウム

重そうは炭酸水素ナトリウムという物質で，台所の清掃に使ったり，お風呂の入浴剤に入っていたりするよ。

最後に，**重そうを熱する**方法も。そのとき，二酸化炭素の発生と共に，水と炭酸ナトリウムもできる。

重そう ⟶ 二酸化炭素 ＋ 水 ＋ 炭酸ナトリウム

重そうはベーキングパウダー（ふくらし粉）にもふくまれていて，この反応によりホットケーキがふくらんだりするんだ。

ついでに……化学反応ではないけれど，**ドライアイスを熱する**ことでも気体の二酸化炭素が出てくるよ。ドライアイスは固体の二酸化炭素なので，熱することで気体の二酸化炭素となったんだね。このように，固体が気体に変化する現象を**昇華**というよ。要チェックだ！

▶**水 素**

水素の発生法は，第13講の**問題3**の**知識の整理**ですでに出てきたね。
アルミニウムや亜鉛，鉄，マグネシウムに塩酸を加える，アルミニウムや亜鉛に水酸化ナトリウム水溶液を加える方法をまとめて覚えておこう。

🌑 気体のよく問われる特徴

代表的な気体において，入試でよく問われる特徴をまとめて確認しておこう。

▶ 酸 素

空気中に約 21 % ふくまれていて，**ものを燃やすはたらき**（助燃性）があるよ。**酸素そのものは燃えていない**ことに注意しよう。燃える，つまり燃焼という反応は，物質が酸素と反応しているんだね。

▶ 二酸化炭素

石灰水に息をふきこむと，**水溶液が白くにごる**，という検出反応が超頻出事項だね。石灰水は水酸化カルシウムが少し溶けた水溶液だよ。

```
水酸化カルシウム ＋ 二酸化炭素 ⟶ 炭酸カルシウム ＋ 水
```

できた炭酸カルシウムが水に溶けにくいので，白くにごるんだ！ ちなみに，さらにそこに二酸化炭素をふきこむと……にごりが消えて，無色透明の水溶液になるよ。第13講の**問題 1 の解説**でも出てきているので，確認してみてね。

▶ 水 素

非常に燃えやすく，酸素と混ぜて火をつけると爆発的に反応し，水ができるよ。先ほども話したけれど，**気体の中で一番軽い**よ。

▶ 窒 素

空気中に約 78 % ふくまれているよ。

▶ アンモニア，塩化水素

アンモニアと塩化水素を混ぜると，白い煙が発生するよ。これは，お互いの気体の検出反応に用いられるんだ。何かわからない気体に塩化水素を吹きこむと白い煙が発生した，とあれば，その気体はアンモニアだ！ とわかるし，何かわからない気体にアンモニアを吹きこむと白い煙が発生した，とあれば，その気体は塩化水素だ！ とわかる。

さて，準備は整ったかな？ では，**問題**の解説に入ろう。

問1

表1は，5種類の気体A～Eのつくり方や特徴について書かれています。

表1

気 体	つくり方や特徴
A	亜鉛に塩酸を加える。
B	過酸化水素水に二酸化マンガンを加える。
C	石灰石に塩酸を加える。
D	気体Aと窒素を反応させる。肥料の原料などに使われる。
E	気体Aと塩素を反応させる。水に溶けやすく，その水溶液は塩酸とよばれ，鉄を溶かし，気体Aを発生させる。

　水酸化ナトリウム水溶液を加えると気体Aが発生する金属を，次の**ア～オ**のうちから1つ選び，記号で答えなさい。

　　ア 鉄　**イ** 銅　**ウ** 金　**エ** 銀　**オ** アルミニウム

　まずは，**表1**中の気体A～Eが何かを判別しておこう。

　亜鉛に塩酸を加えるので，**気体Aは水素**，過酸化水素水に二酸化マンガンを加えるので，**気体Bは酸素**，石灰石に塩酸を加えるので**気体Cは二酸化炭素**と，ここまではさらりとわかるはずだ。

　さて気体Dについて。気体A（水素）と窒素が反応……？　これだけではピンとこないかもしれない。そのあとの，肥料の原料になるという記述から，**アンモニア**かな？　と推測できると素敵だね。

　最後に気体Eについて。気体A（水素）と塩素が反応……？　これもピンとこないかもしれないね。そのあとの，気体Eの水溶液が塩酸であるという記述から，**塩化水素**と決めることができるね。

　このように，難度の高い問題では，**文章の途中まで読んで答えがわからなくても，そのあとの内容をヒントとして答えを推測できることがある**よ。あきらめずに最後まで読み進めてみてね。

さて，**問1**では，水酸化ナトリウム水溶液に加えると気体A（水素）が発生する金属を選ぶわけだから，**アルミニウム**や亜鉛（あえん）があてはまるね。**オ**が答えだ。

問2

気体Bと気体Cのどちらにもあてはまらないものを，次の**ア～オ**のうちから1つ選び，記号で答えなさい。

ア 石灰水にふきこむと，水溶液（すいようえき）が白くにごる。

イ 水上置換法（すいじょうちかんほう）で集めることが多い。

ウ ものを燃やすはたらきがある。

エ 空気中で燃焼して水ができる。

オ 水に少し溶（と）けて，その水溶液は青色リトマス紙を赤く変化させる。

一つひとつの選択肢（せんたくし）を確認していこう。

ア 石灰水に吹きこむと，水溶液が白くにごるのは，二酸化炭素の性質だね。酸素ではそのような反応はおこらない。

　　気体B（酸素）…×，気体C（二酸化炭素）…○

イ 酸素は水に溶けにくいので，水上置換法で集めるね。二酸化炭素は，ふつう下方置換法で集めるけれど，なるべく純粋（じゅんすい）な二酸化炭素を集めたいときは，水上置換法を用いることもあるんだったね。

　　気体B（酸素）…○，気体C（二酸化炭素）…△

ウ ものを燃やすはたらき（助燃性）があるのは酸素の特徴（とくちょう）だったね。

　　気体B（酸素）…○，気体C（二酸化炭素）…×

エ **空気中で燃焼して水ができるのは水素だ！**

　　気体B（酸素）…×，気体C（二酸化炭素）…×

オ 酸素は水に溶けにくい気体だったね。二酸化炭素は水に少し溶け，その水溶液は炭酸水になるね。炭酸水は酸性の水溶液だから，青色リトマス紙を赤く変化させる。

　　気体B（酸素）…×，気体C（二酸化炭素）…○

よって，**エ**が答えだ。

問3

表2は，純水にBTB溶液を入れ，5種類の気体A〜Eをふきこんだ結果を表しています。

表2

気体の種類	気体A	気体B	気体C	気体D	気体E
BTB溶液を加えた水溶液の色	緑色	緑色	黄色	**あ**	黄色

表2の **あ** にあてはまる色を，次のア〜エの中から1つ選び，記号で答えなさい。

ア 赤色　イ 青色　ウ 黄色　エ 緑色

気体D(アンモニア)を水にふきこむと，その水溶液はアンモニア水となるね。アンモニア水はアルカリ性の水溶液だから，**BTB溶液を加えた水溶液の色は青色となる**。よって，**イ**が答えだ。

念のため，気体A〜C，Eも考察しておこう。

気体A(水素)，気体B(酸素)は水に溶けにくいので，それらを水にふきこんでも，水にはほとんど溶けず，中性の水のままだね。なので，BTB溶液を加えた水溶液の色は緑色となる。

気体C(二酸化炭素)を水にふきこむと，その水溶液は炭酸水になるね。炭酸水は酸性の水溶液だから，BTB溶液を加えた水溶液の色は黄色となる。

気体E(塩化水素)を水にふきこむと，その水溶液は塩酸となるね。塩酸は酸性の水溶液だから，BTB溶液を加えた水溶液の色は黄色となる。まとめて確認しておこう！

問4

気体Aと気体Bを反応させると，液体Xができます。気体Aと気体Bの体積を変えて反応させると，結果①〜④のようになりました。それを**表3**に示します。

表3

	結果①	結果②	結果③	結果④
気体Aの体積〔L〕	2.0	2.0	3.0	5.0
気体Bの体積〔L〕	1.0	2.0	2.0	3.0
液体Xの重さ〔g〕	1.60	1.60	い	4.00
反応しないで残った気体の体積〔L〕	0	1.0	0.5	う

表3の　い　，　う　にあてはまる数値をそれぞれ答えなさい。

気体A（水素）と気体B（酸素）を反応させると，液体の水ができる。さて，どんな比で気体A（水素）と気体B（酸素）は反応するかな？……そうだね！　結果①を見てしまえば一発だ！　反応しないで残った気体の体積が0Lだから，**気体A（水素）と気体B（酸素）が過不足なく反応している**ことがわかるね。次のように，比を書き出しておこう！

```
2.0 L  :  1.0 L  :  1.60 g

 A          B          X      ←書き出しておく

（水素）   （酸素）   （水）
```

結果③では，気体A（水素）は3.0L，気体B（酸素）は2.0Lあるので，

2.0：1.0：1.60 ＝ 3.0：□：△

∴□＝1.5L，△＝2.40g

よって，　い　にあてはまる数値は**2.40**とわかる。ちなみに，□より，気体B（酸素）は2.0Lのうち1.5Lが反応しているので，2.0 − 1.5 ＝ 0.5Lと，反応しないで残った気体の体積と等しくなり，つじつまが合っていることも確認できるね。

結果④では，気体A（水素）は5.0L，気体B（酸素）は3.0Lあるので，先ほど書き出した比を用いて，

2.0：1.0：1.60 ＝ 5.0：○：◎

$\therefore \bigcirc = 2.5\,\text{L},\ \odot = 4.00\,g$

よって、 う にあてはまる数値は 3.0 − 2.5 ＝ 0.5 とわかる。ちなみに、△が**表3中の液体 X（水）の重さ**と等しく、つじつまが合っていることも確認できるね。

問5

> 気体 E 3.0 L を水 1 L に溶かして水溶液 Y をつくりました。水溶液 Y にいろいろな重さの水酸化ナトリウムを加えて完全に溶かしたあと、BTB 溶液で水溶液の性質を調べました。次に、その混合水溶液を加熱し、水などを完全に蒸発させて、残った固体の重さを測定しました。その結果を**表4**に示します。
>
> **表 4**
>
> | 加えた水酸化ナトリウムの重さ〔g〕 | 2.00 | 3.00 | 5.00 | 7.00 | 8.50 |
> |---|---|---|---|---|---|
> | BTB 溶液を加えた水溶液の色 | 黄色 | 黄色 | 緑色 | 青色 | 青色 |
> | 残った固体の重さ〔g〕 | 2.92 | え | 7.30 | 9.30 | お |
>
> 表4の え 、 お にあてはまる数値をそれぞれ答えなさい。

気体 E は塩化水素なので、**水溶液 Y は塩酸**だね。この水溶液 Y（塩酸）に水酸化ナトリウムを溶かして、塩化水素と水酸化ナトリウムの中和を考える問題だ。

むむむ……と思った人は、**第13講の問題2**を思い出してみよう。

そうだ！ このような中和の問題では、塩化水素と水酸化ナトリウムが**過不足なく反応する、完全中和がおこるところを見極める**ことが大切だったね。

塩化水素と水酸化ナトリウムが過不足なく反応する、完全中和がおこるときについて、中和後の水溶液には食塩（塩化ナトリウム）しか溶けていない。食塩水は中性の水溶液だから、BTB 溶液を加えた水溶液の色は**緑色**となるはず。つまり、加えた水酸化ナトリウムが 5.00 g のとき、塩化水素と水酸化ナトリウムが過不足なく反応する、完全中和がおこるとわかるんだ。次のように、比を書き出しておこう。

$$3.0\,\text{L} \quad : \quad 5.00\,g \quad : \quad 7.30\,g$$

気体 E　　　水酸化　　　食塩　　←書き出しておく

（塩化水素）ナトリウム

まず、 え について考えよう。水酸化ナトリウムを 5.00 g より少なく加えたとき、

264

水酸化ナトリウムが足りないので，**中和後の水溶液には，食塩と，反応せずに残った塩化水素が溶けている**ね。その水溶液を加熱すると，食塩のみが残る。このとき，加えた水酸化ナトリウム 3.00 g はすべて反応するので，残る食塩の量は，先ほど書き出した比を用いて，

$$3.0 : 5.00 : 7.30 = \square : 3.00 : \triangle$$

∴△＝ 4.38 g

よって，| え | にあてはまる数値は **4.38** であることがわかる。

次に，| お | について考えよう。水酸化ナトリウムを 5.00 g より多く加えたとき，塩化水素が足りないので，**中和後の水溶液には，食塩と，反応せずに残った水酸化ナトリウムが溶けている**よね。その水溶液を加熱すると，食塩と水酸化ナトリウムが残る。まずは，残る食塩の量だけれど，これはもうわかっているね！ だって，気体 E（塩化水素）3.0 L と過不足なく反応する水酸化ナトリウムは 5.00 g であり，このとき残る食塩が 7.30 g であるのは，先ほど書き出したとおり！

次に，残る水酸化ナトリウムの量だけれど，8.50 g のうち 5.00 g は気体 E（塩化水素）3.0 L と反応しているわけだから，**8.50 − 5.00 ＝ 3.50 g 残る**ことがわかる。

よって，残る固体は 7.30 ＋ 3.50 ＝ 10.80 g。 | お | にあてはまる数値は **10.80** であることがわかる。これらが答えだ。

問6

水溶液 Y に水酸化ナトリウムを 6.50 g 加えた水溶液を中性にするためには，気体 E をあと何 L 溶かせばよいですか。

水酸化ナトリウム 6.50 g と過不足なく反応する気体 E（塩化水素）は，先ほど書き出した比を用いて，

$$3.0 : 5.00 : 7.30 = \square : 6.50 : \triangle$$

∴□＝ 3.9 L

よって，気体 E（塩化水素）をあと 3.9 − 3.0 ＝ **0.9 L** 溶かせば，水溶液を中性にすることができるとわかるね。これが答えだ。

問題の答え

問1 オ　問2 エ　問3 イ　問4 | い | 2.40　　| う | 0.5

問5 | え | 4.38　　| お | 10.80　　問6 0.9 L

ものの溶け方

キュリーさん

本講では，ものの溶け方について学びます。まずは**気体の溶解度**に関する**問題1**を見てみよう。

問題1 **気体の溶解度（ようかいど）**

炭酸水について，**問1～問3**に答えなさい。

問1 炭酸水の入ったペットボトルのキャップを開けると「プシュッ」と音が出ます。この音が出ることに関わるものとして適切なものを次の**ア～エ**から1つ選び，記号で答えなさい。

ア 上空で冷やされた空気は下降する。
イ 天然ガスを輸送するときは冷やして液体にして運ぱんすることがある。
ウ 飛行船にはヘリウムが使われている。
エ 乗りごこちを良くするために自転車のタイヤには空気が入っている。

問2 同じ炭酸水でも，室温（25 ℃）で放置したものと，よく冷やしたものでは，キャップを開けた際にペットボトルから出る気体の量にちがいがあります。これについて適切なものを次の**ア～エ**から1つ選び，記号で答えなさい。なお，用いたペットボトルは同じものとします。

ア 液体の温度が高くなると気体は溶けにくくなるため，室温のもののほうがキャップを開けた際に出る気体の量が少ない。
イ 液体の温度が高くなると気体は溶けにくくなるため，室温のもののほうがキャップを開けた際に出る気体の量が多い。
ウ 液体の温度が低くなると気体は溶けにくくなるため，よく冷やしたもののほうがキャップを開けた際に出る気体の量が少ない。
エ 液体の温度が低くなると気体は溶けにくくなるため，よく冷やしたもののほうがキャップを開けた際に出る気体の量が多い。

炭酸水にどのくらいの体積の二酸化炭素が溶けているのかを調べるために，次の①～⑥のような手順で実験を行いました。

① 　キャップを開けていない炭酸水の重さをはかったところ，ペットボトルの重さをふくめて 545.15 g であった。
② 　キャップを開け，二酸化炭素を外に出した。
③ 　キャップを閉め，ペットボトルを振った。
④ 　炭酸水があふれないように再びキャップを開け，二酸化炭素を外に出した。
⑤ 　「プシュッ」と音がしなくなるまで③，④をくり返した。
⑥ 　再びキャップを閉め，炭酸水の重さをはかったところ，ペットボトルの重さをふくめて 541.4 g であった。

問3 　ペットボトルの外に出た二酸化炭素は何 L ですか。最も近いものを次の**ア～カ**から 1 つ選び，記号で答えなさい。ただし，ペットボトル内の気体はすべて二酸化炭素とし，どの状態でも二酸化炭素の重さは 1 L あたり，1.98 g とします。

ア 　0.347 L 　　**イ** 　0.528 L 　　**ウ** 　1.89 L
エ 　1.98 L 　　　**オ** 　3.75 L 　　　**カ** 　7.43L

〈2021 年　栄東中学校　（改題）〉

知識の整理

気体の溶解度

　ものの溶け方について考えるとき，中学入試で出題されるのは，ふつう "水" に対してのお話だ。**問題1** では，まず，水に対する**気体の溶け方**について考えていくよ。
　さて，気体が水にたくさん溶けるのは，温度が高いときかな？ それとも低いときかな？

低いときですか？

そうだね！ お店にあるサイダーなんかがふつう冷たいことからも，**冷たいほうが気体は水にたくさん溶けるな**……なんて想像するのは簡単ではないだろうか。温度が低いほうが，水に対する気体の溶解度は大きい，パッと言えるようにしておこう。

問1

炭酸水は，二酸化炭素を水におしこんでつくられる。**第14講の知識の整理**で学んだように，二酸化炭素は水に少し溶ける気体だけれど，おしこむ圧力を大きくすると，その分気体の溶ける量は大きくなって，強い炭酸水をつくることができたりする。

エでは，自転車のタイヤに空気をおしこんで入れている。よってこれが答えとなるね。他の選択肢を一つひとつ確認しておこう。

ア 上空で冷やされた空気は体積が小さくなり，重くなる（密度が大きくなる）ので下降するね。×

イ 天然ガスを冷やすことで液体に状態変化させ，体積を小さくして運ぱんしやすくしているよ。×

ウ ヘリウムは空気よりも軽い（密度の小さい）気体なので，飛行船が浮くんだね。×

 さらなる高みへ

気体の溶解量が，おしこむ圧力によって変化する法則があり，それをヘンリーの法則とよぶ。大学入試で出題されるよ。

問2

知識の整理で確認したとおり，**温度が低いほうが，水に対する気体の溶解度は大きい。**ということは，よく冷やしたものよりも室温のもののほうが，二酸化炭素が溶けにくいので，キャップを開けた際に出てくる二酸化炭素の量が多いはずだ。よって，**イ**が答えだ。

問3

　ペットボトルを振って二酸化炭素を水溶液から追い出し，キャップを開けて二酸化炭素を外に出す操作を，「プシュッ」と音がしなくなるまでくり返したわけだから，**炭酸水に溶けていた二酸化炭素はほぼすべて外に出ていった**と考えられるね。

　その二酸化炭素は，

$$545.15 - 541.4 = 3.75 \ g$$

今回，二酸化炭素 1 L は 1.98 g なので，求める体積は，

$$1 : 1.98 = \square : 3.75$$

$$\therefore \square = 1.893 \ g$$

この値に最も近い，**ウ**が答えだ。

問題 1 の答え

問 1 エ　　**問 2** イ　　**問 3** ウ

　さて，次は**固体の溶解度**に関する**問題 2** を見てみよう。

問題 2　固体の溶解度

　次の文を読み，**問 1 ～問 4** に答えなさい。

　食塩，ホウ酸が水 100 g にどれだけ溶けるのかを温度を変えて調べ，**表 1** にまとめました。

表 1　水 100 g の水に溶ける固体の重さ

温度〔℃〕	0	20	40	60	80	100
食塩〔g〕	37.5	37.8	38.3	39.0	40.0	41.1
ホウ酸〔g〕	2.8	4.9	8.9	14.9	23.5	38.0

問 1　次の文を読み，　①　，　②　にあてはまる語句を答えなさい。
　食塩やホウ酸は，水の温度が　①　ほど，溶ける量は多くなる。物質を溶かすことのできる限度まで溶かした水溶液を　②　という。

問2 80 ℃の水 200 g にホウ酸 56.4 g を入れてよくかき混ぜると，溶け残りが見られました。溶け残ったホウ酸をすべて溶かすために，80 ℃の水を少しずつ加えました。ホウ酸が完全に溶け切った時点で，加えた水は何 g ですか。

問3 食塩を 40 ℃の水にこれ以上溶けなくなるまで溶かしました。この水溶液 300 g を 0 ℃まで冷やしたときに出てくる固体は何 g ですか。小数第 2 位を四捨五入し，小数第 1 位まで答えなさい。

問4 ビーカーに水 50 g を用意し，食塩とホウ酸を 14.9 g ずつ入れました。これを加熱して 100 ℃にしたのち，60 ℃まで冷やしました。ビーカー内のようすを表したものを次の**ア～ク**よりすべて選び，記号で答えなさい。ただし，ビーカー内の溶け残りや結晶は，食塩，ホウ酸の判別ができたものとします。また，食塩とホウ酸を同じ水に溶かしても，それぞれの溶ける重さは変化しないものとします。

ア 100 ℃のとき，食塩もホウ酸もすべて溶けていた。

イ 100 ℃のとき，食塩は溶け残りが見られ，ホウ酸はすべて溶けていた。

ウ 100 ℃のとき，食塩はすべて溶け，ホウ酸は溶け残りが見られた。

エ 100 ℃のとき，食塩もホウ酸も溶け残りが見られた。

オ 60 ℃のとき，食塩もホウ酸もすべて溶けていた。

カ 60 ℃のとき，食塩は結晶が見られ，ホウ酸はすべて溶けていた。

キ 60 ℃のとき，食塩はすべて溶け，ホウ酸は結晶が見られた。

ク 60 ℃のとき，食塩もホウ酸も結晶が見られた。

〈2021 年　法政大学第二中学校（改題）〉

固体の溶解度

　問題2では，水に対する固体の溶け方を考えていくよ。さて，固体が水にたくさん溶けるのは，温度が高いときかな？ それとも低いときかな？

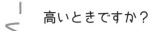

高いときですか？

　そうだね！ ホットコーヒーに砂糖を溶かすのは簡単だけれど，アイスコーヒーでは難しい……アイスコーヒーでは，代わりにガムシロップを入れるもんね。

　このような例からも，温かいほうが固体は水にたくさん溶ける……なんて想像してくれるとうれしい。**温度が高いほうが，水に対する固体の溶解度は大きい**，パッと言えるようにしておこう。

　ちなみに，温度が上がっても溶解度が大きくならない（むしろ小さくなってしまう）固体を知っているかな？ 実は**水酸化カルシウム**だ！ こちらも覚えておいてね。

ほう和水溶液

　ある温度の水に，物質をどんどん溶かしていくと，どこかでそれ以上は物質が溶けきれなくなってしまう。そのとき，その水溶液は**ほう和した**といい，その状態の水溶液を**ほう和水溶液**とよぶよ。

再結晶

　固体を溶かした水溶液から，溶かした固体が再び結晶となって出てくる現象を**再結晶**というよ。再結晶には大きく2つの方法がある。

　　方法1…**水溶液の温度を下げる。**
　　方法2…**水溶液中の水を蒸発させる。**

　方法1は，水溶液の温度によって，大きく溶解度が変化する物質に使いやすく，温度によってあまり溶解度が変化しない物質については，**方法2**が使いやすいよ。区別しておこう。

　さて，準備は整ったかな？ **問題2**の解説に入ろう。

物質

第**15**講 ものの溶け方

問1

次の文を読み，ⓘ，②にあてはまる語句を答えなさい。

食塩やホウ酸は，水の温度がⓘほど，溶ける量は多くなる。物質を溶かすことのできる限度まで溶かした水溶液を②という。

知識の整理で話したとおり，食塩やホウ酸のような固体は，**温度が高いほうが，水に対する溶解度は大きい**ので，①は高いが答えだ。

物質を溶かすことのできる限度まで溶かした水溶液は**ほう和水溶液**というね。②はこれが答えだ。

問2

表1　水100 gの水に溶ける固体の重さ

温度〔℃〕	0	20	40	60	80	100
食塩〔g〕	37.5	37.8	38.3	39.0	40.0	41.1
ホウ酸〔g〕	2.8	4.9	8.9	14.9	23.5	38.0

80 ℃の水200 gにホウ酸56.4 gを入れてよくかき混ぜると，溶け残りが見られました。溶け残ったホウ酸をすべて溶かすために，80 ℃の水を少しずつ加えました。ホウ酸が完全に溶け切った時点で，加えた水は何 gですか。

さあ，計算がはじまるよ！ **表1**より，80 ℃の水100 gには，ホウ酸は最大23.5 gまで溶けて，ホウ酸のほう和水溶液ができる。ほう和のお話が出てきたら，次のように比を書き出しておく。

80 ℃　　23.5 g　：　100 g　←書き出しておく
　　　　　ホウ酸　　　水

今，**ホウ酸は56.4 g溶かしたい**わけだから，必要な水の重さは，先ほど書き出した比を用いて，

$$23.5 : 100 = 56.4 : \square$$

$$\therefore \underset{\text{ゆえに}}{}\square = 240 \; g$$

もともと水は 200 g あったので，加えた水は，

$$240 - 200 = \mathbf{40} \; g$$

これが答えだ。

問 3

食塩を 40 ℃ の水にこれ以上溶けなくなるまで溶かしました。この水溶液 300 g を 0 ℃ まで冷やしたときに出てくる固体は何 g ですか。小数第 2 位を四捨五入し，小数第 1 位まで答えなさい。

まだまだ計算が続くよ。まずは，40 ℃ の水に，食塩をこれ以上溶けなくなるまで溶かしている。つまり……そう！ **40 ℃ におけるほう和食塩水をつくったわけだ**ね。ほう和のお話が出てきたら，**問 2** 同様，**表 1** からデータを読み取って次のように書き出しておくといい（今回は表の形で書き出してみた）。

	食塩	水	全体 〔g〕
40 ℃	38.3	100	138.3 　←書き出しておく

今，この水溶液は 300 g あるわけなので，この水溶液中の食塩，水の重さは，

$$38.3 : 100 : 138.3 = \square : \triangle : 300$$

$$\therefore \underset{\text{ゆえに}}{}\square = \frac{38.3 \times 300}{138.3} \; g, \quad \triangle = \frac{100 \times 300}{138.3} \; g \text{（割り切れなさそうなので，分数のままにしておこう！）}$$

これらも，次のように，先ほどの表に並べて書いておこう。

	食塩	水	全体 〔g〕
40 ℃	38.3	100	138.3
	$\dfrac{38.3 \times 300}{138.3}$	$\dfrac{100 \times 300}{138.3}$	300

さて，この水溶液を 0 ℃ まで冷やすわけだけれど，温度を低くすると，固体の食塩が溶けているので，溶解度は小さくなるはずだ。つまり，**食塩がいくらか出てくるはず**だね。

今度は 0 ℃ におけるほう和を考えていくわけだけれど，やはりほう和のお話ができてきたら，**問 2** 同様，**表 1** からデータを読み取って書き出しておくといいのだった。次ページのように，先ほどの表に並べて書いておこう。

	食塩	水	全体 （g）
40 ℃	38.3	100	138.3
	$\dfrac{38.3 \times 300}{138.3}$	$\dfrac{100 \times 300}{138.3}$	300
0 ℃	37.5	100	137.5

今，水溶液を冷やしても，水の量は変わらないので，水 $\dfrac{100 \times 300}{138.3}$ g 中に溶けている食塩の重さは，

$$37.5 : 100 = \bigcirc : \dfrac{100 \times 300}{138.3}$$

$$\therefore \bigcirc = \dfrac{37.5 \times 300}{138.3} \ g$$

よって，0 ℃まで冷やしたとき，出てくる食塩の重さは，

$$\dfrac{38.3 \times 300}{138.3} - \dfrac{37.5 \times 300}{138.3} = \dfrac{(38.3 - 37.5) \times 300}{138.3} = \dfrac{0.8 \times 300}{138.3} = 1.73 \ g$$

小数第 2 位を四捨五入すると，**1.7 g** が答えだ。

問4

ビーカーに水 50 g を用意し，食塩とホウ酸を 14.9 g ずつ入れました。これを加熱して 100 ℃にしたのち，60 ℃まで冷やしました。ビーカー内のようすを表したものを次の**ア～ク**よりすべて選び，記号で答えなさい。ただし，ビーカー内の溶け残りや結晶は，食塩，ホウ酸の判別ができたものとします。また，食塩とホウ酸を同じ水に溶かしても，それぞれの溶ける重さは変化しないものとします。

ア　100 ℃のとき，食塩もホウ酸もすべて溶けていた。

イ　100 ℃のとき，食塩は溶け残りが見られ，ホウ酸はすべて溶けていた。

ウ　100 ℃のとき，食塩はすべて溶け，ホウ酸は溶け残りが見られた。

エ　100 ℃のとき，食塩もホウ酸も溶け残りが見られた。

オ　60 ℃のとき，食塩もホウ酸もすべて溶けていた。

カ　60 ℃のとき，食塩は結晶が見られ，ホウ酸はすべて溶けていた。

キ　60 ℃のとき，食塩はすべて溶け，ホウ酸は結晶が見られた。

ク　60 ℃のとき，食塩もホウ酸も結晶が見られた。

さあ，最後の計算だ！ **ア〜エ**は 100 ℃のとき，**オ〜ク**は 60 ℃のときのお話だ。食塩水，ホウ酸水溶液がほう和水溶液になるかどうかを，分けて考えよう。

まずは 100 ℃のとき。ほう和のお話が出てきたら，**問2，問3**同様，**表1**からデータを読み取って次のように比を書き出しておくといいのだった。

$$100\ ℃\quad 41.1\ g\quad :\quad 38.0\ g\quad :\quad 100\ g\quad ← 書き出しておく$$

食塩　　　　ホウ酸　　　水

水 50 g に対する，食塩とホウ酸の溶ける最大の重さを求めると，

　　$41.1 : 38.0 : 100 =□ : △ : 50$

　　$∴□ = 20.55\ g$（食塩），$△ = 19.0\ g$（ホウ酸）

食塩もホウ酸も 14.9 g ずつ入れているので，どちらもすべて溶けていることがわかるね。よって，**100 ℃のときはア**が答えだ。

次は 60 ℃のとき。ほう和のお話が出てきたら，**問2，問3**同様，**表1**からデータを読み取って次のように比を書き出しておくといいのだった。

$$60\ ℃\quad 39.0\ g\quad :\quad 14.9\ g\quad :\quad 100\ g\quad ← 書き出しておく$$

食塩　　　　ホウ酸　　　水

水 50 g に対する，食塩とホウ酸の溶ける最大の重さを求めると，

　　$39.0 : 14.9 : 100 =○ : ◎ : 50$

　　$∴○ = 19.5\ g$（食塩），$◎ = 7.45\ g$（ホウ酸）

食塩とホウ酸は 14.9 g ずつ入れているので，食塩はすべて溶けたままで，ホウ酸は 7.45 g は溶けたままだけれど，$14.9 - 7.45 = 7.45\ g$ 結晶ができることがわかるね。よって，**60 ℃のときはキ**が答えだ。

問4は**ア，キ**が答えだね。

問題2の答え

問1 ① 高い ② ほう和水溶液　　**問2** 40 g　　**問3** 1.7 g　　**問4** ア，キ

気体は水が冷たいほうがよく溶けて，
固体は水が温かいほうがよく溶けるのね。

ものの燃え方

キュリーさん

いよいよ最後の授業です。本講では，**ものの燃え方**について学ぶよ。まずは**問題1**を見てみよう。

問題1 | **有機物の燃焼，環境（かんきょう）問題**

次の文を読み，**問1**〜**問6**に答えなさい。

私たちの身の回りには，ろうやプラスチックなど，石油からつくられたものがたくさんあります。

ろうが燃えると，物質Ａと物質Ｂができます。物質Ａは 25 ℃では無色の気体で，石灰水（せっかい）に通すと石灰水が白くにごります。物質Ｂは 25 ℃では無色の液体で，0 ℃で固体に，100 ℃で気体になります。

プラスチックには多くの種類があり，レジ袋（ぶくろ）に利用されているポリエチレンや，ストローに利用されているポリスチレン，飲料用容器に利用されているポリエチレンテレフタラートなどがあります。ポリエチレンが燃えたときも，物質Ａと物質Ｂができます。①物質Ａは，ある環境問題の原因の１つと考えられています。そのため，最近ではサトウキビがつくるスクロース（砂糖（さとう）の成分）からつくられたポリエチレンを使ったレジ袋も利用されるようになりました。スクロースは，サトウキビが空気中から物質Ａを取りこんでつくります。②スクロースからつくられたポリエチレンも燃えると物質Ａができますが，石油からつくられたポリエチレンよりも環境によいとされています。

問1 石油からつくられているものとして最もふさわしいものを，次の**ア〜エ**から１つ選び，記号で答えなさい。

　　ア 天然ゴム　　**イ** ガソリン　　**ウ** チョーク　　**エ** コルク

問2　図1のろうが燃えたときの炎のようすとして正しいものを，次の**ア**～**エ**から1つ選び，記号で答えなさい。

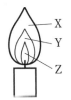

図1

ア　Xの部分は，酸素を取り入れやすいので，最も温度が低い。

イ　Yの部分にガラス管を入れると，白いけむりが出てくる。

ウ　Yの部分は，燃え残ったすすが熱せられて明るくかがやく。

エ　Zの部分は，ろうの液体が燃えているので炎があまり見えない。

問3　物質Aと物質Bの名前を，それぞれ**漢字で**答えなさい。

問4　ろうと同じように，燃えたときに物質Aと物質Bができるものとして正しいものを，次の**ア**～**エ**から1つ選び，記号で答えなさい。

　　　ア　食塩　　**イ**　石灰石　　**ウ**　水素　　**エ**　アルコール

問5　下線部①の環境問題としてふさわしいものを，次の**ア**～**エ**から1つ選び，記号で答えなさい。

ア　地球温暖化　　　　　　**イ**　酸性雨
ウ　ヒートアイランド現象　**エ**　光化学スモッグ

問6　下線部②について，スクロースからつくられたポリエチレンが，石油からつくられたポリエチレンよりも環境によいとされる理由としてふさわしいものを，次の**ア**～**エ**から1つ選び，記号で答えなさい。

ア　スクロースからつくられたポリエチレンが燃えてできる物質Aは，石油からつくられたポリエチレンが燃えてできる物質Aよりも，環境に影響をあたえる力が弱いから。

イ　スクロースからつくられたポリエチレンが燃えてできる物質Aは，サトウキビがスクロースをつくるために取りこんでいた物質Aなので，空気中の物質Aの量が増えないから。

ウ　石油からつくられたポリエチレンが燃えてできる物質Ａは植物に取り
こまれないので，空気中の物質Ａの量が減らないから。

エ　石油からつくられたポリエチレンは微生物によって分解されないが，
スクロースからつくられたポリエチレンは微生物によって分解されるか
ら。

〈2021年　鎌倉女学院中学校（改題）〉

知識の整理

「燃える」ということ

日常生活で「**燃える**」ということば，よく耳にするよね。キャンプファイヤーの火が
燃えるとか，真っ白に燃えつきた……とか。とても身近な言葉に感じるんじゃないかな。

そんな「燃える」という言葉，化学的には，どのような現象を表すのだろうか。もの
が燃えるということは，**物質に酸素が結びつくことだ**。例えば，木や紙，ろうそくなど
を完全に燃やしてみよう。

すると……そうだね！　二酸化炭素と水ができる。木や紙，ろうそくには炭素や水素が
ふくまれていて，**炭素が酸素と結びつくと二酸化炭素**が，**水素が酸素と結びつくと水が
できる**んだね。

木や紙，ろうのような物質を有機物といい，**有機物には一般的に炭素や水素がふくま
れる**と覚えておいてほしい。

さらなる高みへ

ほぼ炭素だけでできている炭を燃やしても，二酸化炭素のみしかできないこと
に注意してね。水は生じないと考えていいよ！

有機物の燃焼と，環境問題（かんきょうもんだい）への関わりを問う問題だよ。

問1

石油からつくられているもの，まさにイ「ガソリン」はその代表例だね！ これが答えだ。
他の選択肢（せんたくし）も一つひとつ確認しよう。

ア 天然ゴムはゴムノキの樹液からつくられているよ。

ウ チョークは炭酸カルシウムを主成分とするもの，硫酸（りゅうさん）カルシウムを主成分とする
  ものの主に 2 種類あるけれど，炭酸カルシウムを主成分とするものはホタテの貝が
  らからつくられていたりするよ。

エ コルクはコルク樫（がし）の樹皮からつくられるよ。

問2

ろうが燃えたときの炎（ほのお）のようすは右の〈図1〉のとおりだ。

〈図1〉

外炎
内炎
炎心
液体のろう
固体のろう

ア 問題の図1のXの部分は，外炎（がいえん）とよばれる。空気中の酸
  素を取り入れやすく，気体となったろうが完全に燃えるため，
  明るくはないけれど**温度は高く**，すすが出ない部分だ。よっ
  て，**ア**は×。

ウ 図1のYの部分は内炎（ないえん）とよばれる。気体となったろうが
  熱せられ，炭素や水素の小さいつぶに分解されるけれど，このうち炭素の小さいつ
  ぶは十分に空気中の酸素にふれられず，すすとなって熱せられて明るくかがやく。
  よって，**ウ**は○。

イ，エ 図1のZの部分は炎心（えんしん）とよばれる。一番しんに近いところで，液体のろうが
  炎の熱で気体のろうになっているところだ。温度は最も低く，空気中の酸素にふれ
  ていないため，燃えていない。Zの部分にガラス管を入れると，ガラス管の先から
  白いけむりが出てくるね。これは気体のろうが冷やされて，目に見える液体や固体
  の小さなつぶになったものだよ。よって，**イ，エ**は×。

ウが答えだ。

物質

第 **16** 講 ものの燃え方

問3

知識の整理でも話したとおり，ろうやポリエチレンなど有機物を完全に燃やすと，二酸化炭素と水ができるんだったね。物質Ａは25 ℃では無色の気体で，石灰水に通すと石灰水が白くにごることから，**二酸化炭素**とわかる。

物質Ｂは25 ℃では無色の液体で，0 ℃で固体に，100 ℃で気体になることから，**水**とわかる。これらが答えだ。

さらなる高みへ

2019 年 5 月に世界的な単位の定義改定があり，水の固体になる温度，気体になる温度は 0 ℃ぴったり，100 ℃ぴったりではなくなりました（ほぼ 0 ℃，ほぼ 100 ℃ではありますが……）。

問4

燃えたときに物質Ａ（二酸化炭素）と物質Ｂ（水）ができる物質は，炭素と水素をふくむ物質だったね。

ア　食塩には，ナトリウムや塩素はふくまれるが，炭素や水素はふくまれない。×

イ　石灰石を炭酸カルシウムと考えると，カルシウムや炭素，酸素はふくまれるが，水素はふくまれない。×

ウ　水素には，水素はふくまれるが，炭素はふくまれない。×

エ　アルコールには，炭素や水素，酸素がふくまれる。○

エが答えだ。

問5

一つひとつの環境問題に対する用語を説明できるようしておこう！ このように，分野をまたいだ問題も，中学入試理科ではたくさん出題されているよ。

ア　**地球温暖化**とは，地球から出ていくはずの熱がにげられず，地球の気温が上昇している状態のこと。大気中の二酸化炭素など**温室効果ガス**が増えすぎたことが原因の１つとされているよ。○

イ　**酸性雨**とは，酸性の物質が雨や雪，霧に溶けこむことで，ふつうより強い酸性を示す現象のこと。河川や土じょうに降りそそぎ生態系に影響をあたえたり，建物，文化財などにも影響をおよぼす可能性がある。石油や石炭など化石燃料の燃焼や，火山活動から生じる硫黄酸化物，窒素酸化物が原因とされるよ。ふつう，雨や雪，霧には空気中の二酸化炭素が溶けて炭酸ができるので，わずかに酸性を示すのだけ

れど，そうした状態は酸性雨とはよばないこと，注意しよう。×

ウ ヒートアイランド現象とは，都市の気温がまわりの気温よりも高くなる現象のこと。都市部には，太陽光によって熱が蓄(たくわ)えられやすいアスファルトやコンクリートが多いことや，人口の集中による，人間活動で生じる熱などが原因とされるよ。×

エ 光化学スモッグとは，風が弱く，気温が高く，日差しが強い日に，大気が白くもやがかかったような状態になること。自動車や工場の排出ガスにふくまれる窒素酸化物や炭化水素などが太陽の紫外線(しがいせん)と反応することで生じる光化学オキシダント(けいしゅつ)(りそ)が原因とされるよ。×

アが答えだ。

問6

カーボンニュートラルの考え方を学ぶ問題だ。サトウキビは，成長過程で光合成によって二酸化炭素を吸収しているため，サトウキビ由来のスクロースからつくられたポリエチレンが燃やされて二酸化炭素ができても，それは光合成により吸収した二酸化炭素と同じ量だよね。

よって，**サトウキビ由来のスクロースからつくられたポリエチレンを製造しても，大気中の二酸化炭素は増えない**，とする考え方なんだ。この点で，石油からつくられたポリエチレンより環境(かんきょう)にいいとされるよ。

イが答えだ。

問題1の答え

問1 イ 問2 ウ 問3 (物質A) 二酸化炭素 (物質B) 水
問4 エ 問5 ア 問6 イ

さて，次は計算の関わる問題に挑戦だ。**問題2**を見てみよう。

問題2 **金属の酸化**

　金属の粉末を空気中で加熱すると，空気中の酸素と反応して金属の酸化物が生じることがわかっています。例えば，マグネシウムを加熱すると酸化マグネシウムが生じ，銅を加熱すると酸化銅が生じます。**表1**は，マグネシウム粉末の重さと，加熱後に生じる酸化マグネシウムの重さをまとめたものです。**表2**は，銅粉末の重さと，加熱後に生じる酸化銅の重さをまとめたものです。これについて，**問1~問6**に答えなさい。

表1

マグネシウム粉末の重さ〔g〕	0.3	0.6	0.9	1.2
酸化マグネシウムの重さ〔g〕	0.5	1	1.5	2

表2

銅粉末の重さ〔g〕	0.4	0.8	1.2	1.6
酸化銅の重さ〔g〕	0.5	1	1.5	2

問1　次の**ア~エ**のうち，酸化マグネシウムの色と酸化銅の色の組み合わせとして正しいものを1つ選び，記号で答えなさい。

	酸化マグネシウム	酸化銅
ア	黒色	黒色
イ	黒色	白色
ウ	白色	黒色
エ	白色	白色

問2　2 gの銅粉末を十分に加熱したとき，生じる酸化銅の重さは何 gですか。

問3　1.2 g の銅粉末を加熱したところ, 重さは 1.45 g になりました。このとき, 反応せずに残っている銅粉末の重さは何 g ですか。

問4　30 g のマグネシウム粉末を十分に加熱したときに反応した酸素の重さと, 銅粉末を十分に加熱したときに反応した酸素の重さが等しくなりました。このとき, 加熱前の銅粉末の重さは何 g ですか。

問5　マグネシウム粉末と銅粉末の混合物が 18 g あります。この混合物を十分に加熱したところ, 重さは 25 g になりました。このとき, 加熱前の混合物にふくまれていたマグネシウム粉末の重さは何 g ですか。

問6　マグネシウム粉末, 銅粉末および酸化銅の混合物が 15 g あります。この混合物を十分に加熱したところ, 重さが 20 g になり, 酸化マグネシウムと酸化銅が同じ重さだけふくまれていました。このとき, 加熱前の混合物にふくまれていた酸化銅の重さは何 g ですか。

〈2021 年　大宮開成中学校（改題）〉

知識の整理

金属の酸化

　問題1では, 有機物, つまり炭素や水素をふくむ物質が燃える, つまり酸素と結びつくことを扱ったよ。それでは, 炭素や水素をふくまない物質, 例えば**鉄やアルミニウムのような金属を空気中で加熱する**とどうなるだろう？

　そう！ この場合も, 有機物が燃えるときと同様, **酸素が結びつくと考えればいいよ！**つまり, 鉄が酸素と結びついて**酸化鉄**, アルミニウムが酸素と結びついて**酸化アルミニウム**ができる, と考えればいい。マグネシウム, 銅だったら, **酸化マグネシウム, 酸化銅**ができる, それだけのお話だ！

　ちなみに, 金属を空気中で加熱するとき, **金属には炭素や水素はふくまれない**ので, **二酸化炭素や水は生じない**。注意してね！

「超」がつくほどよく出題される，金属の酸化と，その計算問題だよ。

問1

金属に酸素が結びついた物質を**金属の酸化物**というけれど，その代表的な色を覚えておこう。今回出題されている，酸化マグネシウム…**白色**，酸化銅…**黒色**は確実におさえてね。**ウ**が答えだ。

あわせて，**知識の整理**で出てきた酸化鉄は**黒色**，酸化アルミニウムは**白色**とされることもチェックだ！

酸化銅，酸化鉄は黒色だ！ といったけれど，世の中には赤色の酸化銅や赤褐 色の酸化鉄なんてものもある。中学入試では黒色だけ覚えておけばいいよ。

問2

さて，ここからは金属の酸化物に関する計算問題だ。銅を空気中で加熱すると，銅は酸素と結びつくので，**表2**に結びついた酸素の重さを書きこんでおくといいね。

表2

銅粉末の重さ〔g〕	0.4	0.8	1.2	1.6
酸化銅の重さ〔g〕	0.5	1	1.5	2
結びついた酸素の重さ〔g〕	0.1	0.2	0.3	0.4

← 表に書きこんでおく

結びついた酸素の重さを**表2**に書きこんでいるうちに，大切な事実に気づけたかな！？……そうだ！ 反応した銅の重さと，結びついた酸素の重さは比例し，その比は**4：1**であることがわかる。

また，反応した銅の重さと，生じる酸化銅の重さも比例し，その比は**4：5**であることもわかる。この比を活用すれば，楽々と計算ができるね！

問2では2gの銅が反応したわけだから，生じた酸化銅の重さは，

$$4 : 5 = 2 : \square$$

∴ □ = 2.5 g

2.5 g が答えだ。

問3

反応後の重さが 1.45 g であることから，結びついた酸素の重さは 1.45 − 1.2 = 0.25 g だとわかる。反応した銅の重さは，

$$4 : 1 = \square : 0.25$$

∴ □ = 1.0 g

よって，反応せずに残っている銅の重さは 1.2 − 1.0 = **0.2 g**，これが答えだ。

問4

ここからはマグネシウムを空気中で加熱するお話が登場するよ。ということは，**表1** に結びついた酸素の重さを書きこんでおくといいね。

表1

マグネシウム粉末の重さ〔g〕	0.3	0.6	0.9	1.2
酸化マグネシウムの重さ〔g〕	0.5	1	1.5	2

結びついた酸素の重さ〔g〕　0.2　　0.4　　0.6　　0.8　← 表に書きこんでおく

さあ，結びついた酸素の重さを表に書きこんでいると……もう気づけたよね！ 反応したマグネシウムの重さと，結びついた酸素の重さは比例し，その比は **3 : 2** であることがわかる。

また，反応したマグネシウムの重さと，生じる酸化マグネシウムの重さも比例し，その比は **3 : 5** であることもわかる。この比を活用するしかない！

問4 では 30 g のマグネシウムが反応したわけだから，

$$3 : 2 = 30 : \square$$

∴ □ = 20 g

20 g の酸素と反応した銅の重さは，

$$4 : 1 = \triangle : 20$$

∴ △ = 80 g

80 g が答えだ。

問5

問5，問6の最後2問は，算数のような複雑な問題が続くよ！

加熱前の混合物18 g 中のマグネシウムの重さを[3]，銅の重さを△4とすると，

$$[3] + △4 = 18\ g \quad \cdots あ$$

また，反応したマグネシウムの重さと生じる酸化マグネシウムの重さの比は3：5，反応した銅の重さと生じる酸化銅の重さの比は4：5で，生じる混合物の重さは25 g より，

$$[5] + △5 = 25\ g \quad \cdots い$$

い式より，

$$[1] + △1 = 5\ g \quad \cdots う$$
$$[3] + △3 = 15\ g \quad \cdots え$$

あ式，う式，え式より，△1 = 18 − 15 = 3 g，[1] = 5 − 3 = 2 g

よって，加熱前の混合物にふくまれていたマグネシウムの重さは，

$$[3] = 2 \times 3 = 6\ g$$

6 g が答えだ。

問6

加熱前の混合物15 g 中のマグネシウムの重さを[3]，銅の重さを△4，酸化銅の重さを○とすると，

$$[3] + △4 + ○ = 15\ g \quad \cdots お$$

また，反応したマグネシウムの重さと生じる酸化マグネシウムの重さの比は3：5，反応した銅の重さと生じる酸化銅の重さの比は4：5で，生じる混合物の重さは20 g より，

$$[5] + △5 + ○ = 20\ g$$

加熱後，酸化マグネシウムと酸化銅が同じ重さだけふくまれていることから，

$$[5] = 20 \div 2 = 10\ g，\quad △5 + ○ = 20 \div 2 = 10\ g \quad \cdots か$$
$$\therefore [1] = 2\ g，[3] = 6\ g \quad \cdots き$$

お式，き式より，

$$△4 + ○ = 15 − 6 = 9\ g \quad \cdots く$$

か式，く式より，

$$△1 = 10 − 9 = 1\ g，\quad △5 = 1 \times 5 = 5\ g，\quad ○ = 10 − 5 = 5\ g$$

よって，加熱前の混合物にふくまれていた酸化銅の重さは5 g，これが答えだ。

問題2の答え

問1	問2	問3	問4	問5	問6
ウ	2.5 g	0.2 g	80 g	6 g	5 g

ものの燃え方，いかがだったでしょうか。算数もからんだ分野，よく復習してくださいね。

＊　　　　＊　　　　＊

はーい，これで僕の授業は終わりです。よくがんばってくれました！ 難しく感じる問題，わからない問題もあったかもしれないけれど，そこをくり返し学ぶことで，みなさんはもう一回り大きく成長できるよ。みなさんのさらなる飛躍を心より願っています。本当にありがとうございました！（拍手）

最後になりますが，本書の執筆，校正に多大なるお力添えをいただいた，光葉舎の岡田直久先生，大手進学塾のＭ先生，語学春秋社編集部の奥田勝彦さん，この場を借りてお礼を申し上げます。

物質

第 16 講　ものの燃え方

若原 周平

わかはらしゅうへい

　1986年生まれ，三重県津市出身。名古屋市立大学薬学部薬学科在学時から塾講師に従事。小中部・予備校部責任者，校舎普及統括責任者を経て，現河合塾講師。高校生・浪人生の化学の指導と共に，全統記述模試・全統共通テスト模試・全統記述高2模試，名大入試オープン等，様々な全国模試の作成に携わる。

　懇切丁寧な説明とやさしい口調で展開される授業は，身構えることなく，楽しみながら化学の本質を学ぶことができる！と評判。体系化された解法で，日本全国の学生を化学嫌いから解放すべく，神戸・大阪・京都・四日市・岐阜・名古屋・岡崎・東京と，週に3,000 km以上の距離を移動し，生徒一人ひとりに寄り添いながら教鞭を揮っている。

　さらに，全国に普遍的な教育を届けようと，YouTubeの予備校にも参加。初回授業動画は，12万再生を突破（2023年3月現在）。中学入試から大学入試まで，一貫した科学教育を求めて模索の日々だ。

　Twitter（@konnichi_wkhr）では，そんな思いをあれこれとつぶやいている。

　特技は暗算（6段），趣味は海外旅行，筋トレ，半袖での生活。

CD06AB/B-B/Si

6段階 英語4技能時代に対応!!

マルチレベル・リスニング&スピーキング

ドリルと並行して,CDの音声をくり返し聞き,ネイティブの発音やイントネーションに慣れていきましょう。ドリルを続けるうちに,"音と意味を結びつける力",また"自分の考えを英語でアウトプットする力"が身に付いてくるのを実感できるはずです。継続は力なり。ガンバリましょう!

著者:**石井雅勇**(代官山MEDICAL学院長)

小・中学生から大学受験生までトータルに学習できる、リスニング&スピーキング教材の革命です!

(1) あなたにぴったりのコースが用意されています。

(2) ひとりでどんどんレベルアップできる,詳しい解説付き。

(3) 各コースに全 20 回の豊富なドリルを用意しています。

(4) 「リスニング」は, 開成高校・灘高校・桜蔭高校などのトップ進学校をはじめ,全国の進学校で使われてきました。

(5) 「スピーキング」は, 音読の練習から意見の発表まで, バラエティに富んだ内容です。

(6) 英検・TOEIC®テストなどにも完成度の高い準備ができます。

6段階 マルチレベル・リスニング シリーズ

※レベル分けは，一応の目安とお考えください。

小学上級～中1レベル

❶ グリーンコース

CD1枚付／900円＋税

日常生活の簡単な会話表現を，イラストなどを見ながら聞き取る練習をします。

中2～中3レベル

❷ オレンジコース

CD1枚付／900円＋税

時刻の聞き取り・ホテルや店頭での会話・間違いやすい音の識別などの練習をします。

高1～高2レベル

❸ ブルーコース

CD1枚付／900円＋税

インタビュー・TVコマーシャルなどの聞き取りで，ナチュラルスピードに慣れる訓練を行います。

共通テスト～中堅大学レベル

❹ ブラウンコース

CD1枚付／900円＋税

様々な対話内容・天気予報・地図の位置関係などの聞き取りトレーニングです。

難関国公私大レベル

❺ レッドコース

CD1枚付／900円＋税

英問英答・パッセージ・図表・数字などの様々な聞き取りトレーニングをします。

最難関大学レベル

❻ スーパーレッドコース

CD2枚付／1,100円＋税

専門性の高いテーマの講義やラジオ番組などを聞いて，内容をつかみ取る力を養います。

全コース共通

リスニング・ハンドブック

CD1枚付／900円＋税

リスニングの「基本ルール」から正確な聞き取りのコツの指導まで，全コース対応型のハンドブックです。

6段階 マルチレベル・スピーキングシリーズ

※レベル分けは，一応の目安とお考えください。

小学上級〜中1レベル
❶ グリーンコース
CD1枚付／1,000円＋税

自己紹介やあいさつの音読練習から始まり，イラスト内容の描写，簡単な日常表現の演習，さらには自分自身の考えや気持ちを述べるトレーニングを行います。

中2〜中3レベル
❷ オレンジコース
CD1枚付／1,000円＋税

過去・未来の表現演習から始まり，イラスト内容の描写，日常表現の演習，さらには自分自身の気持ちや意見を英語で述べるトレーニングを行います。

高校初級レベル
❸ ブルーコース
CD1枚付／1,000円＋税

ニューストピック・時事的な話題などの音読練習をはじめ，電話の応対・道案内の日常会話，公園の風景の写真説明，さらにはインターネット・SNSなどについてのスピーチトレーニングを行います。

高校中級レベル
❹ ブラウンコース
CD1枚付／1,000円＋税

テレフォンメッセージ・授業前のコメントなどの音読練習をはじめ，余暇の過ごし方・ショッピングでの日常会話，スポーツの場面の写真説明，さらに自分のスケジュールなどについてのスピーチトレーニングを行います。

高校上級〜中堅大レベル
❺ レッドコース
CD2枚付／1,200円＋税

交通ニュースや数字などのシャドーイングをはじめ，写真・グラフの説明，4コマまんがの描写，電話での照会への応対及び解決策の提示，さらには自分の意見を論理的に述べるスピーチのトレーニングを行います。

難関大学レベル
❻ スーパーレッドコース
CD2枚付／1,200円＋税

様々な記事や環境問題に関する記事のシャドーイングをはじめ，講義の要旨を述べる問題，写真・グラフの説明，製造工程の説明，さらには1分程度で自分の意見を述べるスピーチのトレーニングを行います。

全コース共通
スピーキング・ハンドブック
CD3枚付／1,600円＋税

発音やイントネーションをはじめ，スピーキング力の向上に必要な知識と情報が満載の全コース対応型ハンドブックです。